资深珠宝鉴定师教您
如何辨别翡翠的真伪
如何判断翡翠的品质

张晓玉
周军／编著

翡翠辨假

文化发展出版社
Cultural Development Press

图书在版编目（CIP）数据

翡翠辨假 / 张晓玉, 周军编著.-北京:文化发展出版社,2017.11
ISBN 978-7-5142-1965-4(2023.7重印）

Ⅰ.①翡… Ⅱ.①张…②周… Ⅲ.①翡翠－鉴别 Ⅳ.①TS933.21

中国版本图书馆CIP数据核字（2017）第249007号

翡翠辨假

张晓玉　周 军 编著

责任编辑：周　蕾　　　　　　　责任校对：郭　平
责任印制：杨　骏　　　　　　　责任设计：侯　铮

出版发行：文化发展出版社（北京市翠微路2号　邮编：100036）
网　　址：www.wenhuafazhan.com
经　　销：各地新华书店
印　　刷：北京博海升彩色印刷有限公司
开　　本：889mm×1194mm　1/16
字　　数：160千字
印　　张：13.25
版　　次：2017年11月第1版　　2023年7月第4次印刷
定　　价：88.00元
ＩＳＢＮ：978-7-5142-1965-4

◆ 如发现任何质量问题请与我社发行部联系。发行部电话：010-88275710

乙未年末，机缘巧合，有幸受邀参与文化发展出版社的珠宝玉石类辨假系列科普丛书的编撰工作，本系列内容涵盖面较广，涉及到目前市场上常见的珠宝玉石种类（钻石、彩色宝石、绿松石、琥珀、和田玉、翡翠），笔者主要执笔辨假系列丛书之《翡翠辨假》一书，从开始着手准备到成稿，历时一年有余，笔者利用业余时间搜集查阅整理相关文献资料，将多年以来在一线鉴定工作中所积累的经验与心得分门别类地进行打包整理。文字力求浅显易懂，配图清晰可鉴，几经梳理成书，于丁酉年初春，终见雏形。

在此期间，遇到瓶颈时也气馁过，但是想到自己把时间碎片嬗变成了文字，唯有突破自我，执守信念才能完成这一目标，便又有了继续前行的勇气。

笔者最早接触翡翠，大概是 20 世纪 90 年代，缘于对玉与生俱来的一种偏好，而翡翠则是玉石品种中较具代表性的一种。能够从事自己喜欢的职业，了解并深入其中，是我一直以来所坚持的。希望能在图文里与大家一起分享关于翡翠的那些事儿。

本书分 8 个章节，主要内容如下：1. 翡翠概述；2. 翡翠的形成及产地；3. 翡翠分类；4. 翡翠的雕刻工艺及题材；5. 翡翠优化处理方法及鉴别；6.翡翠与相似品鉴别；7.翡翠分级；8．翡翠鉴赏。首先，通过了解翡翠的基本性质、产地、种类、雕刻工艺，进而了解并掌握翡翠优化处理及鉴别方法以及翡翠相似品种的鉴别方法。5和6这两个章节着重介绍日常鉴定工作中接触到的典型样品和鉴定特征，从常规鉴定方法入手，掌握翡翠常见优化处理方法的鉴定技巧，了解各相似品的基本性质和鉴别依据，能够使读者通过掌握常规鉴定手段对相似玉石品种的特征加以甄别。翡翠分级这一章节主要介绍中华人民共和国国家标准（GB/T 23885-2009）翡翠分级（Jadeite grading），图文结合，使读者对翡翠分级有个明确的认知。最后一章翡翠鉴赏，让我们更多地从文化层面去感知中国传统翡翠文化的浓厚底蕴。

在整个编撰过程中，宝裕和翡翠会、派瑞翡翠、尚珍阁珠宝有限公司、北京瑞璟珠宝有限公司等企业为本书的出版提供了大量的第一手资料和图片，给予了莫大的帮助，感谢你们对我的支持和信任。感谢培养我从事鉴定行业的所在单位——国家珠宝玉石质量监督检验中心，感谢单位领导一直以来的鼓励与悉心教导。在成稿过程中，同时也得到了很多朋友和同事的关心和大力支持，在这里特别感谢张红印先生、袁永平先生、邓谦先生、苏隽女士、马扬威女士、冯晓燕女士等，感恩太多的朋友和同事，就不一一列数了。还有先生马永旺，一直以来为我指点迷津，默默付出，此书得以出版与他的理解和帮助是分不开的。笔者对所有给予帮助的各位同人和家人不胜感激，在此致以我由衷的谢意。

感谢珠宝小百科董海洋、崔奇铭为本书提供的图片。本书有部分图片来源于网络和媒介，由于无从联系原作者，只能在此表达我最真诚的谢意。

作为科普类读物，在知识性、真实性、技术性、实用性和鉴赏性的基础上，尽力做到通俗易懂。这些都是笔者一直努力遵循的，但难免有纰漏和不足之处，诚望大家能予以斧正。

于丁酉年春

目 录
CONTENTS

翡翠优化处理方法及鉴别

翡翠与相似品鉴别

Chapter 1

翡翠概述

　　翡翠是以硬玉为主的由多种细小矿物组成的矿物集合体。翡翠中主要矿物硬玉（Jadeite）的化学成分为 $NaAlSi_2O_6$。翡翠常见的结构有：纤维交织结构、粒状纤维交织结构等。翡翠常见的颜色有：白色、无色、绿色、紫色、黑色、红色、黄色等。翡翠的颜色丰富多彩，其色的形状与组合、色的深浅与分布千变万化。本章从翡翠的矿物组成、化学成分、晶系与结晶习性、结构、光学性质、力学性质、放大检查等方面尽可能详尽地介绍翡翠的基本性质与特征。

翡翠的基本性质

◈ 翡翠的矿物组成

翡翠是以硬玉为主的由多种细小矿物组成的矿物集合体。它的主要组成矿物是硬玉（Jadeite），次要矿物有绿辉石、钠铬辉石、钠长石、角闪石、透闪石、透辉石、霓石、霓辉石、沸石，以及铬铁矿、磁铁矿、赤铁矿和褐铁矿等，其中绿辉石在有些情况下会成为主要组成矿物。

从岩石学角度来看，它是由硬玉、绿辉石为主

三彩翡翠吊坠（宝裕和翡翠会提供）

要矿物成分的辉石族矿物组成的矿物集合体，是一种硬玉岩或绿辉石岩。在商业中，翡翠是指具有工艺价值和商业价值，达到宝石级硬玉岩和绿辉石岩的总称。

翡翠中红色、黄色部分常被单称为"翡"；各种绿色的部分常被单称为"翠"。

翡翠的化学成分

翡翠中主要矿物硬玉的化学成分为 $NaAlSi_2O_6$，可含有 Cr、Fe、Ca、Mg、Mn、V、Ti、S、Cl 等元素。翡翠的矿物组成不同，其化学成分亦有较大的变化。

翡翠观音（宝裕和翡翠会提供）

1. 硬玉

硬玉的化学成分是 $NaAlSi_2O_6$，可有少量的类质同象替代（Ca^{2+} 替代 Na^+；Mg^{2+}、Fe^{2+}、Fe^{3+}、Cr^{3+} 替代 Al^{3+}）。硬玉中若 Cr^{3+} 替代了 Al^{3+} 则产生绿色。Cr^{3+} 替代量会发生不同程度的变化，随着 Cr^{3+} 的不断递增，从而形成钠铬辉石。

以硬玉为主的翡翠也就是传统意义上的翡翠。我们平时在市场中见到的绝大多数翡翠均属此类。

2. 钠铬辉石

钠铬辉石的化学组成是 $NaCrSi_2O_6$，与硬玉构成完全类质同象系列。钠铬辉石在翡翠中以三种形式存在：一是呈黑色小粒状内含物存在，Cr^{3+} 的含量可达百分之十几；二是同硬玉共生，组成钠铬辉石硬玉岩，整体呈黑绿色，不透明；三是主要由钠铬辉石组成的钠铬辉石岩，也称之为干

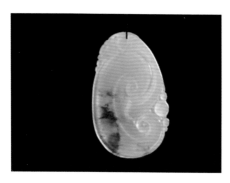

翡翠中含黑色小粒状内含物

钠铬辉石硬玉岩

青种，不在传统翡翠之列。所谓"干青"种就是指色呈青色（或暗绿色）、无通透感、水头很差很干的翡翠，它的产量很小，且因色彩深暗，价值低而不受人关注。

3. 绿辉石

绿辉石的化学组成是 $(Ca，Na)(Mg，Fe^{2+}，Fe^{3+}，Al)Si_2O_6$，属透辉石的一个亚种，介于硬玉及透辉石之间。绿辉石是翡翠中一种重要的共生矿物，常以不同比例形成含绿辉石硬玉岩型翡翠或含硬玉绿辉石岩型翡翠。绿辉石矿物含量也可达百分之百，如墨翠（墨玉），肉眼观察为黑色，但是在透射光下则呈现绿色，它虽然在翡翠中占比很小，但是因其质地细腻、坚硬、油亮、黑中透绿，也颇受人们喜欢。

墨翠钟馗（派瑞翡翠提供）

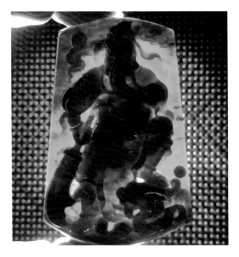

墨翠关公（派瑞翡翠提供）
在透射光下看到墨翠呈现绿色

肉眼观察墨翠为黑色

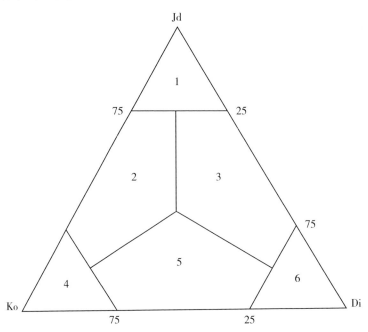

翡翠及其相关连续类质同象品种的命名图解

1. 翡翠（硬玉）；2. 铬硬玉；3. 绿辉石玉

4. 钠铬辉石玉；5. 铬透辉石玉；6. 透辉石玉

◉ 翡翠的晶系与结晶习性

翡翠为晶质集合体，其中主要的组成矿物硬玉、绿辉石属单斜晶系。常呈柱状、纤维状或粒状集合体。

◉ 翡翠的结构

结构是指组成矿物的颗粒大小、形态及相互关系。

翡翠常见的结构有纤维交织结构、粒状纤维交织结构等。在宝石学中翡翠的结构统称交织结构，在肉眼观察、手持放大镜观察或宝石显微镜的观察中，可以发现翡翠组成矿物全呈柱状或略具拉长的柱粒状，近乎定向排列或交织排列。翡翠的"交织结构"在鉴定中具有重要意义，这一结构特征明显有别于其他玉石的结构特征。

纤维交织结构是翡翠最常见的一种结构，也是翡翠硬度高韧性强的主要因素。

粒状纤维交织结构是指翡翠中粒状、纤维状的矿物颗粒近乎定向排列或交织排列在一起。通常颗粒较粗，边界平直清晰，没有遭受明显的动力变质和蚀变作用。

翡翠的粒状纤维交织结构

翡翠的纤维交织结构

翡翠的结构除了以上常见的两种之外，还可能出现斑状变晶结构、塑性变形结构、碎裂结构、交代结构等。

　　翡翠的结构决定了翡翠的质地、透明度和光泽。一般来讲，矿物颗粒越粗，颗粒间结合越松散，则翡翠质地就松散，透明度和光泽也差；相反，矿物颗粒越细，结合越紧密，则翡翠质地细腻致密，透明度好，光泽也强。纤维交织结构者韧性好，而粒状结构者韧性差。

冰黄翡翡翠佛公

翡翠的特征

◉ 翡翠的颜色

　　翡翠常见的颜色有白色、无色、绿色、紫色、黑色、红色、黄色等。翡翠的颜色按其呈色机理可以分为原生色和次生色。原生色是翡翠形成过程中由致色离子所致；次生色为翡翠成岩之后外来有色物质浸染所致，如铁质矿物浸染产生的黄色、红色等。

白色翡翠

1. 白色翡翠

白色翡翠组成的成分单一，由 $NaAlSi_2O_6$ 组成，结构较为松散，由于硬玉矿物颗粒之间存在一定的空隙，残留空气或其他物质降低了透明度，呈白色。一般列为中低档翡翠，也是最为常见且产量最多的。

冰种翡翠福豆
（宝裕和翡翠会提供）

2. 无色翡翠

无色翡翠成分单一，由纯的 $NaAlSi_2O_6$ 组成，并且矿物颗粒细腻，结构致密，透明度好。我们常见的冰种和玻璃种翡翠都属于无色系列。这类翡翠纯净无瑕，晶莹剔透，是完美和纯洁的象征。之前不是很受关注，近些年才慢慢成为收藏佳品。

冰种翡翠观音
（宝裕和翡翠会提供）

冰种翡翠挂件（派瑞翡翠提供）

3.绿色翡翠

　　绿色是翡翠的常见颜色，所说的"翠"就是指绿色翡翠。绿色翡翠的颜色由浅至深依次为淡绿、浅绿、绿、翠绿、深绿、蓝绿和墨绿，其中以翠绿色为最佳。大多数绿色翡翠或多或少地含有杂色，呈黄绿、灰绿、蓝绿等色。翡翠的绿色主要由微量的 Cr、Ti、Fe 等元素类质同象替代所引起，含量越高，颜色越深。

翡翠挂坠 碧舟一叶
（宝裕和翡翠会提供）

满绿翡翠佛（派瑞翡翠提供）

4. 紫色翡翠

紫色是翡翠中较为小众的一种呈色，常被称作春色或者紫罗兰，按其深浅变化可有浅紫、粉紫、紫、蓝紫，甚至接近蓝色。过去传统观念认为紫色是由微量的 Mn 致色，也有人认为是由 Fe^{2+} 和 Fe^{3+} 离子跃迁而致色，或与 K^+ 离子的存在有关，在呈色机理上仍见仁见智。

紫罗兰翡翠吊坠

紫罗兰挂坠 春忆（宝裕和翡翠会提供）

紫罗兰翡翠手镯

5. 黑色翡翠

黑色的翡翠有两种。一种在普通光源下为黑色，强光源照射呈深墨绿色，主要是由于过量的 Cr、Fe 元素造成的。此种翡翠的折射率和密度比一般翡翠高，感观上易与和田玉中的墨玉相混淆。另一种是呈深灰至灰黑色的翡翠，这种黑色是由于含有角闪石等暗色矿物造成的，质地细腻的易同和田玉中的青花玉和墨玉混淆。

黑色翡翠吊坠（派瑞翡翠提供）

6. 黄色翡翠和红色翡翠

黄色和红色是翡翠颜色中的次生色，是由于风化腐蚀过程中褐铁矿和赤铁矿浸染所致，在古代人们对黄色红色的喜好程度高于绿色，所以便有了翡翠这个传统叫法，"翡"一般作为黄色和红色翡翠的惯称。

红色翡翠　　　　　　　　　　　　　　黄色翡翠

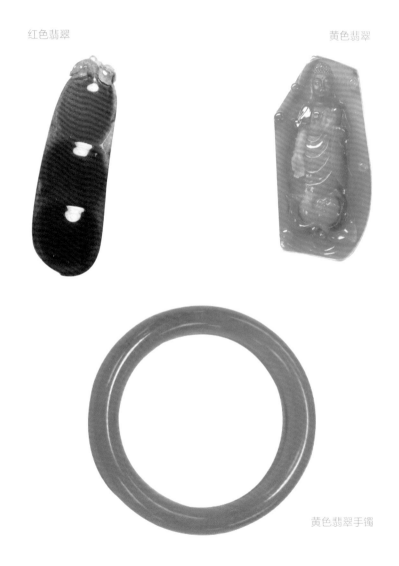

黄色翡翠手镯

7. 多色翡翠

翡翠的颜色丰富多彩，其色的形状与组合、色的深浅与分布千变万化。一般由两种或者两种以上颜色组成，且不同色调有较明显区别的称为组合色。翡翠的组合色在业内有一些约定俗成的名称，如福禄寿、春带彩、飘蓝花等。绿色、红色、紫色同时存在于一块翡翠上被称为福禄寿，象征吉祥如意，代表福禄寿三喜。春带彩一般紫色、绿色相间，是瑞福，希望的象征。飘蓝花一般是指无色或者白色翡翠上有着丝带状、絮状、块状的色调偏蓝的颜色富集，由于飘花的形状各异，意境深远，亦成为收藏之上品。

多色翡翠手镯 蕴

（宝裕和翡翠会提供）

◈ 翡翠的光泽及透明度

翡翠的光泽为玻璃光泽至油脂光泽。半透明至不透明，极少为透明。翡翠的透明度即俗称的"水头"。

透明度受自身组成矿物颗粒大小、结合方式、裂纹、颜色深浅等诸多因素影响，绝大多数翡翠呈半透明至不透明。一般来说，翡翠组成成分越单一，矿物颗粒越细，结构越紧密，则透明度越好，光泽越强；组成成分越复杂，颗粒越粗，结构越松散，则透明度、光泽越差。另外翡翠中含有过量的 Fe、Cr 等微量元素时，会产生不同的颜色变化，透明度变差，甚至不透明。

冰种无色带雪花棉翡翠如意

⊙ 翡翠的其他光学性质

翡翠的颜色、光泽及透明度是翡翠的主要光学性质，前文已经介绍。以下是翡翠的其他光学性质。

1. 光性特征

非均质集合体。

2. 多色性

无。

3. 折射率

翡翠的折射率为 $1.666 \sim 1.680(\pm 0.008)$，点测法常为 1.66。

4. 吸收光谱

翡翠的特征吸收谱是 437nm 吸收线，是铁的吸收线。630nm、660nm、690nm 吸收带或线是铬的吸收线，绿色越浓艳铬线越清晰。如果绿色很浅，则630nm 就不易观察到。染色翡翠（绿色）在650nm 处可见有一条明显的宽带。

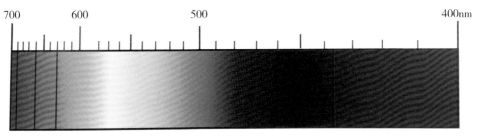

天然翡翠吸收光谱（绿色）

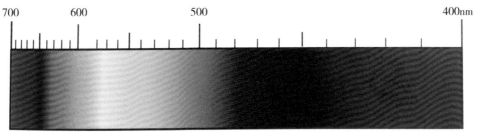

染色翡翠吸收光谱（绿色）

5. 发光性（紫外荧光）

天然翡翠绝大多数无荧光，个别翡翠有弱绿色、白色和黄色荧光。早期充填处理翡翠可有弱至中等的黄绿、蓝绿色荧光；近期充填处理翡翠可见无至弱的蓝绿或黄绿色荧光。染色的红色翡翠可有橙红色荧光，注油翡翠有橙黄色荧光。

⟡ 翡翠的力学性质

1. 密度

翡翠的密度为 $(3.25 \sim 3.40)\,\mathrm{g/cm^3}$。翡翠密度随其中 Fe、Cr 等元素含量的增加而增加。

2. 硬度

翡翠的摩氏硬度为 $6.5 \sim 7$。

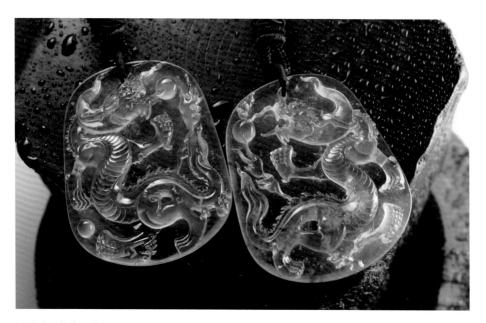

玻璃种飘花翡翠腾龙对牌

3. 解理

组成翡翠的主要矿物硬玉具有平行于 {110} 的两组完全解理，并且可有平行于 {001} 和 {100} 的简单双晶和聚片双晶。解理面和双晶面的星点状、片状、针状闪光也就是人们所说的翠性，是鉴别翡翠的重要标志。

🞉 放大检查

翡翠放大观察，可见纤维交织结构至粒状纤维交织结构，可见"翠性"。"翠性"多出现在粒状纤维交织结构中，在白色团块状的"石花"或"石脑"附近较易观察。矿物颗粒越粗大"翠性"越明显，颗粒越细腻越不易观察。颗粒较粗的抛光良好的翡翠表面常出现"微波纹"。这是由于硬玉颗粒间硬度所造成的，是翡翠特有的表面特征。在反射光下观察，在翡翠的表面可见"翠性"以及"微波纹"；在透射光下观察可见翡翠特有的纤维交织结构或粒状纤维交织结构。

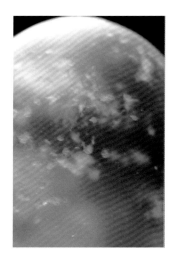

翡翠点状石花

翡翠明显的翠性

Chapter 2

翡翠的形成及产地

翡翠的形成需要特殊的成矿地质条件，在大地构造位置上，已知的翡翠矿床都分布在板块相互碰撞的俯冲带或深大断裂带内的超基性岩的交代岩中或岩体与高压低温的区域变质岩—蓝闪石片岩接触带中，成矿矿体常集中在超基性岩顶部与围岩附近，与钠长石和角闪石共生。因此了解翡翠的原产地、矿床类型和产出情况是非常有意义的。

世界优质的翡翠主要产地与矿床大多来自缅甸雾露河（江）流域第四纪和第三纪砾岩层次生矿床中。翡翠产地的唯一性、成矿的复杂性、产量的不确定性使翡翠越加珍稀，更具有收藏价值。中国虽然不是翡翠的产出国，但缅甸翡翠挖掘、加工、交易大都在中国进行。

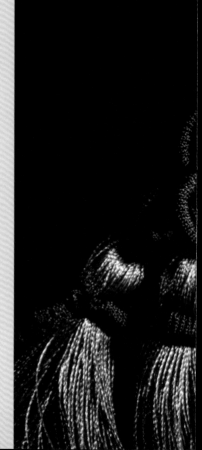

翡翠的形成

　　翡翠习惯上又称为缅甸玉，翡翠好坏的判断或者翡翠的鉴别与翡翠的形成原理有着很大的关系，不同环境下形成的翡翠在结构上、质地上有很大的差异。

　　翡翠是由以硬玉为主的无数细小纤维状矿物微晶纵横交织而形成的致密块状集合体。对于自然界翡翠的形成，目前主要有四种观点。

　　第一种观点认为是岩浆在高压条件下侵入到超基性岩中的残余花岗岩浆的脱硅产物。

第二种观点认为是在区域变质作用时原生钠长石分解为硬玉而形成；或者认为是在板块碰撞产生的压扭性应力和低温作用下，钠长石先形成变质程度较低的蓝闪石片岩，进一步变质成硬玉。

第三种观点认为是在花岗岩脉和淡色辉长岩类岩脉在 12～14 千帕压力下，在钠的热水溶液作用下发生交代而成。

第四种观点，根据硬玉岩中含水—甲烷—硬玉三相包裹体，认为翡翠是由近硬玉硅酸盐熔体结晶而成，认为这种熔体源于 300～400 千米处地幔中广泛存在的含碱辉石层。

翡翠是一种集合体玉石，其矿物组分既可以很纯，如单矿物的纯硬玉岩，也可以是多矿物的，如以硬玉为主富含其他辉石、角闪石以及斜长石等的硬玉岩、辉石岩等。因此，翡翠质量的优劣就必然与其矿物组分之间的结合方式、结合紧密度、颗粒度等因素密切相关，也正是这些内在的因素决定了翡翠的结构、透明度等诸多外在的表现。

翡翠在一定的温度、压力等外界因素的条件下（板块碰撞缝合带相对高压低温的成岩环境），形成翡翠中最重要的组分矿物——硬玉的晶体。由于初始温度相对较高，形成的硬玉晶核数少，晶体粗大，导致晶间孔隙也

冰种满色阳绿翡翠戒指

较大。这时所形成的矿物集合体远达不到宝石级，只能称为硬玉岩。

具有稳定的化学成分、矿物组分和结构构造的硬玉岩，在板块缝合带形成断裂，并受印度板块挤压走滑产生的定向压扭性应力影响，早期形成的硬玉岩开始接受动力改造。变形的初始阶段硬玉晶粒发生塑性形变，由于位错滑动而产生亚晶粒，并在亚晶界上出现细粒的动态重结晶，形成糜棱—超糜棱岩；同时压熔作用导致硬玉晶粒沿垂直压扭应力面的方向定向生长，各晶粒间孔隙被很好地填补，透明度得到大大改善，翡翠最优的种分逐渐形成。

显然，翡翠种分的优劣与其所受后期动力地质作用改造的程度密切相关。受到的改造越强烈，质地细化、种分优化的效果也越明显。此后花岗岩脉沿断裂带的侵入带来了致色元素 Cr^{3+}，在适当的温度下均匀地进入硬玉晶格，替代 Al^{3+} 而形成翡翠诱人的绿色。

总之，翡翠是在特殊的构造背景下，经过一系列复杂的地质过程形成的。宝剑锋从磨砺出，数以万年的形成与改造过程成就了令世人爱不释手的优质翡翠，是大自然的造化成就了世间翡翠的绚丽多彩。

具有片理化和条带状构造的翡翠原料
（区域变质岩的特点）

翡翠的产地

　　大约在13世纪，在缅甸北部山谷中发现了翡翠，从那以后，缅甸一直是世界上优质翡翠的主要产出国。据说这一发现与中国云南一驮夫有关，驮夫在从缅甸返回腾冲的途中，为了平衡马驮物品两边的重量，在今缅甸孟拱地区随手拾起路边的石头放在马驮上，回家仔细一看，途中所拣的石头似乎为绿色，经打磨后果然碧绿可爱。由于孟拱在历史上曾隶属于中国并归云南省永昌府管辖，所以，有人误认为云南出产翡翠。

翡翠主要的输入国是我国。产翡翠的缅甸孟拱、密支那一带，距我国云南边境只有150千米。在明朝万历年间，此地曾属永昌府（今云南省保山市）管辖。由于历史的原因，被称为"东方瑰宝"的翡翠经云南腾冲、瑞丽等边城输入我国，已有四五百年的历史了。翡翠作为玉器大量使用是在清代，仅有300～400年的历史，但其虽短暂却很辉煌，其荣耀很快超过了软玉。不论是清宫旧藏还是帝陵的殉葬品中，都有许多精美绝伦的翡翠玉器。据清朝进士寸开泰撰写的《腾越乡土志》记载："腾为萃数，玉工满千，制为器皿，发售滇垣各行省。上品良玉，多发往粤东、上海、闽、浙、京都"。云南边境地区经营玉石业的时间久远，数百年来形成了特有的玉石声誉。从缅甸到云南的官道上，经常有七八千甚至数万头的马帮运输翡翠玉石等物资。仅云南腾冲海关验货厅每天即摆满了各路货驮。据腾冲

清代翡翠扳指

海关统计，20 世纪初，我国从缅甸进口的玉石已经数量惊人：1902 年 271 担（每担为 100 老斤，每老斤为 16 两）；1915 年 628 担；1917 年 801 担。各路商家，为率

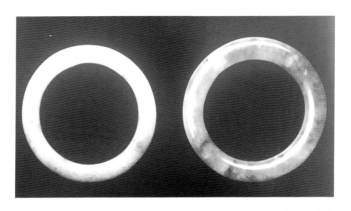

清代翡翠手镯

先得到翡翠玉石，纷纷携巨资而来。为此，曾有前人咏道："昔日繁华百宝街，雄商大贾挟资来。"

　　近二百年来，缅甸一直是最主要的翡翠供应国，可是中国云南边境翡翠贸易的盛景在中华人民共和国成立后日渐萧条。1949 年以后，我国玉石进口量大幅下降，缅甸玉石商不得不舍近求远，将采出的翡翠玉石运往千里之外的泰国清迈，与中国的港商、台商，日商进行交易。久而久之，泰国清迈一改过去几间茅草屋的街市旧貌，变成了一个拥有数万人的、世界级的翡翠贸易中心，其年成交额约占缅甸玉石产量的 70%。尤其是 20 世纪 60 年代以后，缅甸执行保守的政策，不许民间开采翡翠，加上翡翠产地活跃着克钦独立军的游击队，更使外人难以涉入到这一丛林遍布的大山之中。直到 1994 年，缅甸政府与克钦独立军达成停火协议，1995 年缅甸政府调整翡翠禁采的政策，允许民间开采以来，缅甸翡翠产地的消息和报导才有所增加。直至改革开放之后，我国恢复了玉石业的贸易及生产

加工，中缅边贸随之活跃。由于历史条件和地理条件的优势，近十余年来，缅甸玉商纷纷将玉石运入我国云南边界，逐渐形成了畹町、瑞丽、陇川、盈江、腾冲五大交易市场。

翡翠由来已久，深得世人喜爱，但缅甸翡翠的产地却少有人去研究探讨。珠宝市场上优质翡翠的主要产地与矿床大多来自缅甸雾露河（江）流域第四纪和第三纪砾岩层次生矿床。它们主要分布在缅甸北部的山地，南北长约240公里，东西宽170公里。1871年，缅甸雾露（又作乌尤、乌龙、乌鲁）河流域发现了翡翠的原生矿，其中最著名的矿床有4个，它们分别是度冒、缅冒、潘冒和南奈冒。俗话说"黄金易得，翡翠难求"，翡翠产地的唯一性、成矿的复杂性、产量的不确定性使翡翠比钻石更加珍稀，更具有收藏价值。

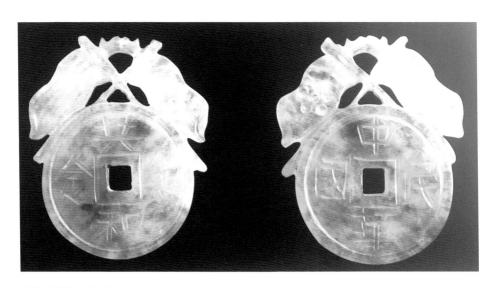

民国时期的翡翠玉件

缅甸北部的孟拱、帕敢、南岐、香洞、会卡等地产翡翠，这是翡翠爱好者共知的常识，但专家考察后报道世界上质量最好的翡翠，产于缅甸的隆肯（又称龙肯）翡翠矿区，此矿区位于缅甸的西北部，距密支那西北136千米，距孟拱西北102千米。出产优质翡翠的地区长70千米、宽20千米，地区面积约

1400 平方公里。目前，有三个玉石采矿营地，其中原生矿一处、冲击砂矿两处，玉石选矿处设在龙肯。

孟拱一带，即雾露河（乌尤河）上游地区于 1871 年发现翡翠矿床，市民大多从事玉石开采、加工和饰品制作，再加上来自隆肯地区的优质翡翠在这里中转、集散，因此孟拱有玉石之乡的美名，而隆肯地区因地理位置较偏，交通条件、商贸规模不如孟拱、帕敢，因此如今名声不如孟拱、帕敢。

传统上，孟拱（又称莫冈）被当作缅甸翡翠产地的中心地带，实际上，孟拱与翡翠产地还有 50 千米的直线距离。历史上，孟拱曾经是翡翠的大集市之一，但现在已无昔日的重要性，翡翠集市迁移到交通更为方便的中心城市曼德勒（又称瓦城）。

位于翡翠产地心脏的帕敢也是翡翠的集市。由于帕敢位于翡翠矿区的中心地带，现在已发展成以翡翠采矿为主的城市，深入到帕敢采购玉石的商人也越来越多，城市的设施也较为齐全，形成从隆肯到帕敢的十里长街，被称为小香港。到帕敢最好的一条路线是从孟拱向西北，有泥土公路与帕敢连接，穿过横跨雾露河的隆肯桥，就到帕敢，总里程约 75 千米。另一条到帕敢的路线是从铁路线上的小镇和平向西绕过思多湖经会卡到帕敢，全程的泥土公路约 85 千米。泥土公路在每年的雨季期（5～10 月）泥泞不堪，难以通行，也使矿区与世隔绝。即使在气候适宜的旱季，无论走哪一条路线都需要乘车 10 个小时以上。

缅甸翡翠矿床从北到南可分为 3 个矿带，最西北边为后江—雷打矿带，中间是以帕敢为中心的主矿带，该矿带北达干昔南至会卡，长约 35 千米，西至度冒东界龙塘，东西宽约 15 千米，区内的厂口星罗棋布，既有次生砂矿又有原生矿床，是最重要的翡翠产区。最南部的矿区与主矿区不相连，称为南其矿区，位于铁路线的西北侧，靠近孟养，称为孟养南其矿区。该矿区虽然交通方便，但面积小，翡翠产量也比较小，不是主要的矿区。

翡翠是矿石，它必然是藏在一种岩层里。但它和一些金属矿石又不同，并

缅甸翡翠产地分布图

不是形成有规律的一片一片的矿床，而是包在一些外表看起来很普通的岩石里。翡翠矿床分为两大类型，原生翡翠矿床和次生翡翠矿床。

原生矿翡翠岩主要是白色和分散有各种绿色色调及褐黄、浅紫色的硬玉岩组成，除硬玉矿物外还有透辉石、角闪石、霓石及钠长石等矿物，达到宝石级的绿色翡翠很少。根据翡翠砾石的来源及皮壳表现不同，在玉石行业内，具体翡翠的产地被称为厂区、厂口，厂口是指开采玉石的具体地点；厂区则是若干厂口因开采年代和相似的表现而形成的区域。

次生翡翠矿床又为第四纪砾岩层翡翠矿床、现代河流冲积层翡翠矿床和残坡积层翡翠矿床。

第四纪砾岩层的翡翠以砾石体积巨大为特点，是玉雕用的翡翠的主要来源，地层砾岩中也含有优质翡翠卵石和漂砾，包括祖母绿级特级翡翠。

现代河流冲积层矿床是最有价值的翡翠矿床，它是由流经第四纪含翡翠砾岩层的雾露河及其支流搬运分选而成的，其特点为密度大、硬度高、质地均匀、结构紧密、裂隙少等，多为高档首饰级翡翠。

◎ 缅甸翡翠厂区

缅甸翡翠的发现及开采至今已有几百年的历史了。其厂口如星火燎原，发展到今天有名称的达近百个，且群星荟萃，争妍斗奇，至于小的难以起名的厂口更是星罗棋布。根据翡翠原石的种类和开采时间的顺序，通常可将整个厂区划分为六大厂区：老厂区、大马坎厂区、小厂区、后江厂区、雷打厂区和新厂区。

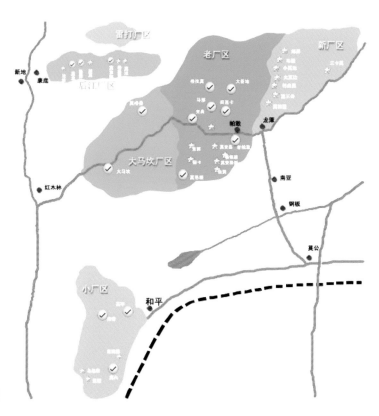

翡翠厂区图

1. 老厂区

是指位于乌龙河中游的次生矿床，是开采时间最早的厂区，也是至今面积最大，厂口最多，种类繁多的厂区。约于18世纪开始开采，较大的厂口有27个，老帕敢、苇卡、育马、仙洞、南英、摆三桥、琼瓢、香公、莫洛根、兹波、格银琼、东郭、那莫邦凹、宪典、马勐湾、帕丙、结崩琼、三决、桥乌、莫洞、勐毛、苗撇、东莫、大谷地、茨通卡、马那、格拉莫。这其中最著名的厂口是帕敢、苇卡、茨通卡和马勐湾等。这些厂口的玉石产量多、质量高。老厂区最深地段现已开采到第三层，约20米深。第一层为黄砂皮，第二层为黄红砂皮，第三层为黑砂皮。

帕敢产区玉石厂口分布图

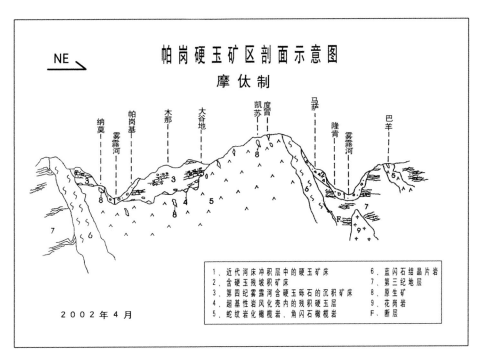

帕岗（帕敢）硬玉矿区剖面示意图（摩仗制）

　　帕敢厂口位于雾露河西岸，是个条形的村镇，其中还包含许多小厂口，属历史上的名坑，开采最早。翡翠砾石的特点是砾石大小不一，大的几百千克，小的只有鸟蛋大小。砾石磨圆较好，外壳可呈黄盐砂、白盐砂。其内矿物颗粒结晶较均匀、结构细腻、翡翠的种水好、地子细，如外壳有松花表现的，内部一般有绿且色足。老帕敢的黑乌砂，其皮壳乌黑似炭。一般种好、色好并且绿随黑走，有枯便有色。帕敢厂口的石头、皮壳与玉之间常有"雾状"过渡带。

帕敢厂区毛料

2. 达木坎厂区（又称刀磨坎、打木屑）

达木坎厂区分布图

该区位于乌尤河下游，毗邻老厂区，距帕敢约30千米，是老厂区出现一个世纪以后开始开采的，较大的厂口有11个，最著名的厂口是达木坎和烘巴。

达木坎厂区目前已挖到第三层，各厂区以出产小个头水石而著称，多数玉石重量在 1 ～ 3kg 之间，皮壳比较薄，种和肉质尚可，一般变化不大。主要有黄砂皮和黄红砂皮两种翡翠砾石，抛光起"钢色"受光，因而是好玉产地。

达木坎水石

3. 莫罕（南其）小厂区

位于帕敢厂区的南面，距会卡厂区约百余千米，沿南其河的流向，大体呈南北向分布，北起南其山的北坡脚下，南到莫罕坝区，玉石主要赋存于古河床的砾石层中。较大的厂口有 8 个，最著名的厂口是南其、莫罕、莫鲁。由于厂口规模小，玉石件头小，产量也少，因而被称为小厂。

莫罕（南其）厂区翡翠原料

南其厂区分布图

翡翠砾石多带蜡壳，其中著名的厂口如南其，其出产翡翠原石的特点是皮薄，皮壳厚度约为 0.3～0.5cm。常见分层，外层为黄砂皮，第二层为半山半水，第三层为水翻砂。南其石的绿色大多偏蓝、灰，色暗，且多裂烂。色、种、水均好的较少。

4.后江厂区（又称为坎迪厂）

该厂区因位于坎迪江——即后江而得名，是开采较晚的一个厂区，属老厂玉。后江厂区分为南北两段，北段为雷打厂，南段为后江厂，两者虽然相隔一定距离，但是同属一条水系的流域范围，与东南方向的

后江厂区及雷打厂区分布图

后江厂区小色料

隆肯厂区相距80千米。有约10个厂口，最著名的厂口是格母林、佳磨、莫东阁、莫格朵。

后江厂范围十分狭长，分布在长约3000米、宽150米左右的狭窄区域内。厂口规模虽小，但产量高，品种多，质量好，是不可忽视的厂区。玉石属次生型冲积、冲坡积砾石玉，主要玉石类型为水石和半山半水石。

后江厂以出产小色料而著称，其特点是单件砾石的件头小，透明度好，结构致密细腻，原石绿，所谓"十个后江九有水"。皮薄且蜡壳不完整的原石地子好，而外皮淡阳绿的色正，色浓夹春的则色偏，颜色过深加工后则反黑。后江石的缺点是裂烂较多。

5.雷打厂区

产地位于后江厂上游的一座山上，那里是一个强烈的构造破碎带，各种地质应力交汇于此，剪切应力为甚，因而岩层被挤压挫裂得支离破碎，玉石加工成品后出现许多裂绺，像被雷打过一般，因此而得名雷打厂。该厂区主要有那莫和木朗邦。

雷打厂翡翠矿砾多暴露在土层上，特点是种干裂绺多，硬度不够，低档货较多。但如遇到一些可取料的部分，也可能出较高价值的翡翠。近年来木朗邦不断发现中档色货。

雷打厂地区的原生翡翠有一个显著特点，就是翡翠通常会与水沫子（钠长石玉）伴生。后江产出的水沫子，结构非常致密细腻，还特别通透，强光可以穿透数十厘米的玉料，比翡翠的玻璃种透光性更强。

钠长石玉

需要特别注意的是，目前市场上出现了一种与水沫子极为相似的品种，硅质石英岩玉，同样产在雷打厂至后江一带，且与水沫子、硬玉相伴生。这种石英岩玉一开始也被商家称为水沫子，后来为了和水沫子名称有所区别，水沫玉的名字就成了它的另一个名称，其实它真正的、正确的名称应该是"石英岩玉"。

水沫子（钠长石玉）与水沫玉（石英岩玉）区别比较明显，水沫子绝大多数有蓝色的飘花，而水沫玉绝大多数没有。

水沫玉（石英岩玉）

6. 新厂区

位于乌尤河上游的两条支流之间。翡翠矿砾分布在表土层下，开采方便，厂口不少，但消失得很快，如1992年厂口、1991年厂口早已停采。现在主要的厂口有9个，翡翠料多为大件的白地青中低档料。

想要很快就能辨认出所有厂口的石头不是件易事，有的石头，像黄砂皮，各个厂口所出的差异不大。即便是有独特性的厂口的石头，要区别开来也非一日之功，重要的是要善于观察，细致入微，长此以往，日积月累，方可见效。

新厂区的白底青挂件

世界上翡翠的其他产地

永楚料翡翠观音

除了缅甸出产翡翠外，世界上有翡翠出产的主要产地与矿床国家还有危地马拉、日本本州、哈萨克斯坦、美国加利福尼亚的海岸山脉区、墨西哥和哥伦比亚。这些国家翡翠的特点是达到宝石级的很少，大多为一些雕刻级的工艺原料。

危地马拉的翡翠（永楚料）矿是1952年在埃尔普罗格雷素省曼济尔村附近发现的麦塔高翡翠矿床，其翡翠主要由硬玉及透辉石、钙铁辉石组成。目前市场上见到的品种有绿色、紫色、蓝色、黑色和彩虹系列的翡翠。该地还发现一种同时可见到银、镍、黄铁矿和黄金、白金包体的独特的 Galactic Gold 翡翠。由于该地翡翠全部天然，没有 B 货和 C 货等

危地马拉翡翠原料

改善处理的品种，因而受到欧美市场的认同，开始成为缅甸翡翠强有力的竞争者。

危地马拉翡翠成品为油脂光泽，折射率 1.66（点测法），摩氏硬度为 7，相对密度在 $3.20g/cm^3$ 以下，肉眼及 10 倍放大镜下观察，矿物颗粒粒径较大，结构较致密。

日本翡翠主要产地与矿床散布在日本新潟县、鱼川市、青海町等地。主要为原生矿，较多是粗粒结晶的硬玉集合体，颜色以绿色、白色为主，质地较干。日本也曾产出上好的翡翠，只不过日本翡翠优质的、宝石级的远不如缅甸的产量大。日本是对资源保护和利用做得最好的国家，所以翡翠矿早已封了。

哈萨克斯坦的翡翠原生矿主要产于伊特穆隆德 - 秋尔库拉姆蛇绿岩构造带的混杂岩中，以一种无根的滚圆状包体或岩块形式出现，大小从几米至几十米，以白色翡翠为主体，少量的黑色、绿色及杂色品种。该矿区翡翠的原岩有以下两种类型。

日本翡翠原料

日本上等翡翠原料

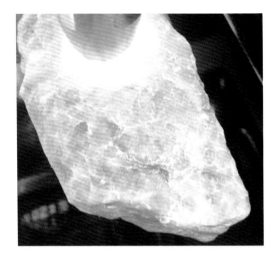

哈萨克斯坦翡翠原料

哈萨克斯坦翡翠原料（绿色）

1. 条带状阳起石－钠长石和阳起石－钠长石－石英结晶片岩。

2. 块状的钠长石岩和含石英的钠长石岩。

该地翡翠主要呈浅灰、暗灰、浅绿、暗绿等颜色。具中粒和细粒交代结构。其质量大多和缅甸不透明、水头差、结构粗的雕刻料相当。

美国翡翠主要发现在加州。有原生矿也有次生矿，和缅甸翡翠相比，美国翡翠大多只能用作雕刻材料，缺少首饰级的祖母绿色的翡翠。质地干且结构较粗。门多西诺县的翡翠矿床是利奇湖矿，主要由透辉石、硬玉、石榴石及符山石的细脉体组成。大多也只是雕刻用岩石材料。

中国是否出产翡翠，这个问题毋庸置疑，从地理上来说，中国境内是没有翡翠产地的。翡翠的重要产地在缅甸，但是在中国古代，缅甸出产翡翠的地方在行

美国翡翠

政划分上属于中国云南省管辖，因此由于历史的原因而把缅甸翡翠也称作中国翡翠，这也是有可能的，而且也有一定的历史依据。翡翠在中国的使用历史非常悠久，虽然翡翠是在清末民初的时候开始逐渐盛行于中国，但是翡翠的资源开发和利用最早能够追溯到旧石器时代，在腾冲发现的石器时代的翡翠玉斧就是最好的证明。在旧石器时代人们已经开始使用翡翠作为装饰或作为生产工具了。到了近代，由于历史的原因，缅甸密支那等地区从中国行政区域中被割离，中国翡翠便成了缅甸翡翠。

缅甸翡翠是缅甸的国宝，但是缅甸翡翠的挖掘、加工、消费几乎都是中国人在进行，因此缅甸翡翠也被称作中国翡翠。在缅甸的翡翠矿山，开采翡翠矿山的华人特别多，在翡翠被开采出来之后，被运输到中国，在中国进行加工、交易和消费，购买者为中国人最多。正是因为缅甸翡翠从开采到消费都离不开中国人，因此在西方人的眼中，翡翠成为了中国的国玉，翡翠成了中国翡翠。

中国翡翠的集散地主要有云南、广东两个大市场。在云南有昆明、瑞丽、腾冲等几个集散地，而在广东则有广州、揭阳、四会、平洲等市场。中国翡翠市场大多是在中华人民共和国成立之后发展起来的。

Chapter 3

翡翠分类

　　判断翡翠的品质和价值主要从种、水、色三个方面来辨别。翡翠的"种"是指翡翠的内部结构和构造，是翡翠质量的最主要的评价标准。除了我们熟知的老种、新种、新老种的传统分类外，实际的商业分类中，又将种的概念进一步细化、具体化、形象化，以便人们对翡翠的种能够有更直观更具象的认知。"水"是指翡翠的透明度，由水看种，种与水虽然概念不同，但是存在必然的联系。"色"是指翡翠的颜色，常见的有白色、红色、绿色、黑色、黄色、紫罗兰色、蓝色等，其中以绿色为上佳。翡翠的"底"是由翡翠的种、水、色等因素相互影响相互作用决定的。本章对翡翠分类从以上几个方面做了较为全面的介绍。

翡翠的种水

　　说到翡翠，笔者先表述一个观点，翡翠和煤炭一样是不可再生资源，都是属于自然矿产。有句俗话"外行看色，内行看种"，如果翡翠质地不好，玉的色泽再鲜艳，也会让人觉得暗淡无光，没有生趣。辨别翡翠的品质和价值主要从种、水、色三个方面来判断，"千种玛瑙万种翠"指的不是有上千、上万种不同的翡翠，而是指翡翠的"种"有万千变化。除了我们熟知的老种、新种、新老种的传统分类外，实际的商业中，又将种的概念进一步细化、具体化、形象化，因此派生出了许多新的种分，而且流传速度快、范围广。这也从一个侧面说明了当代人们对翡翠深切的喜爱和强烈的了解翡翠知识的渴望。

什么叫翡翠的"种"呢？翡翠的"种"指的是翡翠的内部结构和构造，是翡翠质量的最主要的评价标准。翡翠按种可大致分为玻璃种、冰种、芙蓉种、金丝种、冰糯种／糯种、油青种、白底青种、天（铁）龙生种、花青种、干青种、干白种、豆种等。

1. 玻璃种

玻璃种有种无色，质地细透，为玻璃地或冰地。无色透明或半透明，质地纯净、细腻，无杂质、裂纹、棉纹。玉石透明度高，玻璃光泽，给人的整体感觉就像玻璃一样清澈透明，肉眼很难见到翠性，其成分为很纯的硬玉。

玻璃种翡翠耳坠

2. 冰种

冰种翡翠的质地非常透明，但杂质稍多，比起玻璃种来说稍微差些。冰种翡翠给人以冰一样的感觉，清清爽爽，有着一丝朦胧的清凉之美。

冰种翡翠吊饰
（琦珍缘提供）

冰种翡翠观音
（派瑞翡翠提供）

3. 芙蓉种

芙蓉种翡翠，简称芙蓉种，颜色多为淡绿色，不带黄，绿得较纯正清澈，有时其底子略带粉红色。芙蓉种的质地比豆种细，在 10 倍放大镜下可以观察到翡翠内部的粒状结构，但看不到颗粒界线，其表面呈玻璃光泽，为半透明状。其色虽然不浓，但很清雅，虽不够透，但也不干，很耐看，属中档偏上的翡翠，在市场中价格适宜，所以为工薪阶层的消费者所钟爱，称得上是物美价廉的品种。若其中分布有不规则深的绿色时叫作花青芙蓉种。

芙蓉种翡翠佛

芙蓉种飘蓝花翡翠手镯

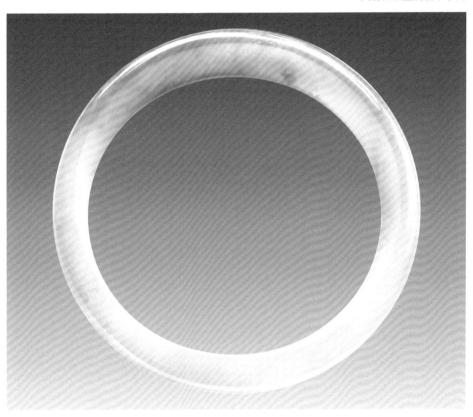

金丝种翡翠节节高升佩件

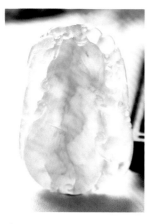

金丝绿翡翠佩件

冰糯种翡翠喜上眉梢挂件

4. 金丝种

金丝种指的是翡翠的颜色呈丝状分布，平行排列，可以清楚看到绿色是沿一定方向间断出现的，绿色的条带可粗可细。金丝种翡翠的档次要根据绿色条带的色泽和绿色带所占的比例，以及质地粗细的情况而定。颜色条带粗，占面积比例大，颜色又比较鲜艳的，价值自然高。相反，如果颜色带稀稀落落，颜色又浅的，就便宜多了。金丝种又可细分为玻璃地金丝、冰地金丝、芙蓉地金丝、豆地金丝等。

5. 冰糯种 / 糯种

冰糯种 / 糯种翡翠质地介于透明与不透明之间，就像煮熟的糯米。

冰糯种翡翠如意挂件

冰糯种翡翠飘花怀古，搭配三彩色翡翠项链

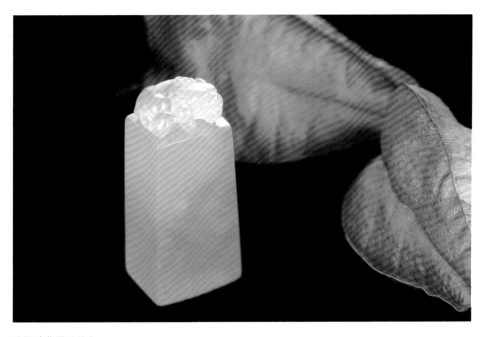

冰糯种翡翠瑞兽章

6. 油青种

油青为一种质地细腻、通透暗如油的翡翠。一般把翡翠绿色较暗的品种称为油青种。颜色不是纯的绿色，不够鲜艳，带灰色调或蓝色调，透明度较好。纤维状结构，比较细腻，油脂光泽，故称油青种。颜色较深的，也可称为瓜皮油青。

油青翡翠手镯

7. 白底青种

　　白底青种是翡翠中较常见的一种，其特征是底色一般较白，有时也会有一些杂质。白底青种的绿色是较鲜艳的，在白底的衬托下更显得绿白分明，绿色部分大多数是呈团块状出现，这几方面特征都是和花青种不同的。白底青种大多数不透明，但也有较透的，此品种同样有高中低档之分。

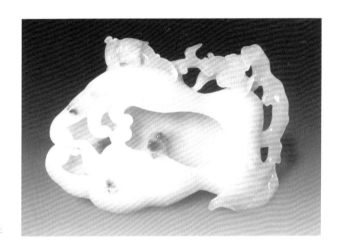

白底青种翡翠摆件

白底青种翡翠手镯

8. 天（铁）龙生种

天（铁）龙生种翡翠几乎全部是较鲜艳的绿色，品质差的部分含有白花和黑点，具有较松散的中等的粒状结构，可见定向排列的构造，水头差。

天（铁）龙生种翡翠蝴蝶佩饰

天（铁）龙生种翡翠原料

天（铁）龙生种翡翠蝴蝶胸花

9. 花青种

花青种翡翠的绿色分布不规则，有时分布较密集，有时较疏落，其底色可能为淡绿或其他颜色，可深可浅。质地可粗可细。

花青种翡翠松鹤延年山子摆件

10. 干青种

干青种翡翠色彩浓绿顺眼，色纯不邪；硬玉结晶呈微细柱状、纤维状（变晶）集合体，颗粒度往往较大，肉眼即能辨认出粒状或柱状的晶体颗粒；透明度差，阳光照射不进，质地粗且底干，敲击玉体声响干涩。

干青种翡翠龙凤呈祥佩

11. 干白种

干白种翡翠是质地干而不润的白色系列，此品种无色或色浅，质地较粗，肉眼可见晶体界线，不透明。

干白种翡翠兔子

干白种翡翠手镯

12.豆种

肉眼可见晶体颗粒较粗的翡翠称为豆种。翡翠是一种多晶集合体，豆种因其晶体为短柱状，看起来很像一粒绿豆，所以叫豆种。其特点是颜色浅、颗粒粗，透明度差、产量多。豆种可细分为细豆种、豆青种、冰豆种、彩豆种和粗豆种。

豆青绿翡翠手镯

水是指翡翠的透明度，一般分为透明、亚透明、半透明、微透明和不透明等。翡翠的透明度越高，价值越高。由水看种，种水是一体不分的，种好水头好，也叫种水好。

豆种翡翠山子

翡翠的色

　　色是指翡翠的颜色，常见的有白色、红色、绿色、黑色、黄色、紫罗兰色、蓝色等，其中以绿色为上佳。翡翠中以绿色最为艳丽与名贵，绿色由于受其他矿物元素的影响，品种繁多，极具变化，多少都有差异，因而认知绿色的分类及其名称是深度掌握绿翠的首要因素。

　　翡翠色的分类和命名，可分为传统分类及现代分类，现代分类又包含了专家学者的见解以及翡翠分级国家标准中关于绿色分类的解释。无论在翡翠市场上以何种方式命名，都应该有一个清晰的理解与明确的认知。

◉ 翡翠颜色的现代分类

翡翠的现代分类，大致可分为以下几种。

1. 白色：基本无色。

白色翡翠叶子

白色翡翠平安扣

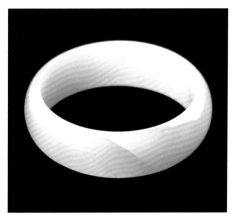

白色翡翠手镯

2．红色：颜色鲜红到红棕的翡，它是由于赤铁矿浸染所致。其中鲜（艳）红色翡翠最为罕见。

3．绿色：俗称翠，由于中国特有的文化习惯，中国人喜欢绿色的较多。

4．黑色：其中乌鸡种翡翠和墨翠表面看都为黑色，在透光时墨翠为绿，乌鸡种为黑。

墨翠

红色翡翠

绿色翡翠 翠潭蝶飞
（宝裕和翡翠会提供）

　　5. 黄色：黄翡也是由于次生作用而形成的颜色，由褐铁矿浸染所致。正黄色翡翠如"黄油"般温润，有些人称为"鸡油黄"。

　　6. 紫色：可细分为粉紫、茄紫、蓝紫。质地好的紫罗兰色的翡翠非常少见。

　　7. 蓝色：颜色绿偏蓝，不是纯正的蓝，也可以是灰蓝，也可以是绿中带蓝。颜色越多的集中在一块翡翠上，越是难得，价值也越高。

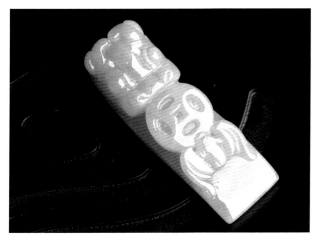

黄色翡翠

蓝色翡翠

紫色翡翠（施禀谋作品）

◈ 翡翠颜色的传统分类

绿色翡翠按色调可划分为如下几类。

1. 翠绿：绿色纯正，色泽鲜艳，分布均匀。色浓而艳，色偏深时为老艳绿。

2. 阳绿：稍带有黄色调的绿色，明快悦目，包括传统意义上的黄杨绿、鹦哥绿、葱心绿、金丝绿等。

3. 黄杨绿：鲜艳的绿色中略微带黄色色调。如初春刚刚抽露出的黄杨芽尖般的嫩绿色，具有艳丽的绿色，略微带着黄色。

4. 鹦哥绿：绿色似鹦哥绿色的毛，色艳但绿中带有黄色色调。

翠绿翡翠 权正（宝裕和翡翠会提供）

阳绿

鹦哥绿

黄杨绿

5．葱心绿：似葱心娇嫩的绿色，极其柔嫩，略微偏黄色。

6．金丝绿：绿色如丝线状，浓而且鲜艳，一丝丝的色带。

7．苹果绿：也叫作秧苗绿，泛着一点点的黄色，这样的黄色基本上看不出来。这类型的翡翠色相稍欠饱满度，但仍然是翡翠中难得一见的上品翡翠。

8．阳俏绿：绿色鲜艳明快，如一汪绿水，色正但较浅。

9．豆青绿：色如豆青色，颜色浓度不足，带有微蓝色调，色感明快。

葱心绿

苹果绿

阳俏绿

豆青绿

10. 瓜皮绿：如瓜皮的青绿色，偏蓝的绿色，颜色不够明快，偏暗偏老。

11. 菠菜绿：颜色如菠菜的绿色，绿色暗而不鲜艳。

12. 茶青：在半透明和不透明之间，色浓俏色，偏蓝黑色。如果质地细腻，无任何杂质的翡翠，则是上品翡翠。

13. 油青绿：通透度较好，绿色的色泽较为黯淡，在自然光下呈现的是一种蓝灰状的色彩，为翡翠颜色品种中中下等级的翡翠。

14. 蛤蟆绿：多在半透明到不透明，以不透明为主，有时候也有微微的透

瓜皮绿   菠菜绿

茶青绿   蛤蟆绿

明。绿色含带的其他颜色是蓝色、灰黑色。

15.蓝水绿：蓝水绿的翡翠是高性价比的翡翠，它通体泛着蓝绿色的光芒，色泽柔美、玉质细腻。可达到半透明至透明。

16.晴水绿：晴水绿的翡翠也是高性价比的翡翠，通体泛着淡淡的绿色，色泽艳丽、玉质细腻。可达到半透明至透明。

绿色翡翠由绿色的形态命名可分为以下几类。

蓝水绿

晴水绿

1.点子绿：绿色呈较小的点状，点与点之间没有联系。

2.疙瘩绿：绿色呈较大的块状，块与块之间不连接。

3.丝片绿：由绿色小丝片连接而组成的绿色。

4.靠皮绿：也称膏药绿，仅仅分布于翡翠的外皮，给人以色多或满绿的假象。

5.底障绿：没有明显的绿丝、绿块，为一种均匀浅淡的绿色。

翡翠分级国家标准中关于绿色的分类是以色调来划分的，分为绿、绿（微黄）、绿（微蓝）三个类别。

绿：为纯正的绿色，或绿色中带有极轻微的、不易觉察的黄、蓝色调。

绿（微黄）：绿色带有较易觉察的黄色色调。

绿（微蓝）：绿色带有较易觉察的

点子绿

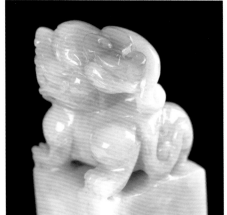

疙瘩绿

丝片绿

靠皮绿

底障绿

蓝色色调。

翡翠中除去颜色以外的部分称为地子,也称为"底子",地子反映了翡翠的底色和结构性,也反映了翡翠的干净程度和透明度。

按照其颜色、透明度和结构可分为以下几类。

1. 玻璃底:明亮透明如玻璃一样。

2. 冰底:清澈透明,晶莹如冰,给人一种冰清玉洁的感觉。

3. 蛋清底:犹如生蛋清一样透明,玉质细腻、温润。

4. 芙蓉底:玉质较细,较透明,有颗粒感但却见不到颗粒明显界限。

玻璃底

冰底

蛋清底

芙蓉底

糯米底

藕粉底

细白底

白沙底

5. 糯米底：如糯米年糕样，质地细腻，似透非透。

6. 晴水底：较透明，微带青绿色。

7. 灰水底：较透明，略带灰色调。

8. 浑水底：半透明，浑浊不清。

9. 藕粉底：半透明，如藕粉一样，略带粉色或紫色。

10. 细白底：半透明，玉质细腻，底色洁白。

11. 白沙底：半透明，色白并具有沙性。

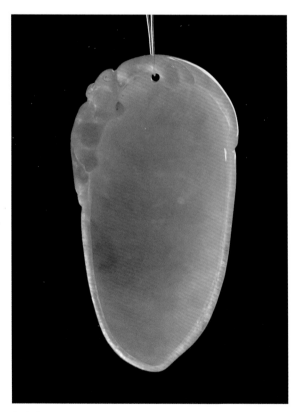

灰水底

12. 灰沙底：半透明，色灰并具有沙性。

13. 白花底：微透明，色白而质粗，有石花。

14. 瓷底：微透明，如同白色瓷器，呈灰白色。

灰沙底

白花底

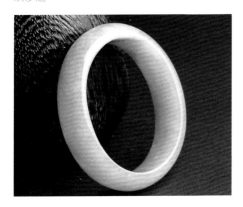

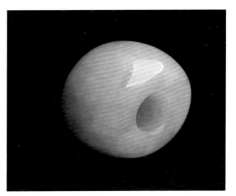

瓷底

15. 芋头底：不透明，如煮熟的芋头，呈灰白色。

16. 干白底：不透明，光泽差。

17. 豆底：不透明，颗粒粗大，翠性明显。

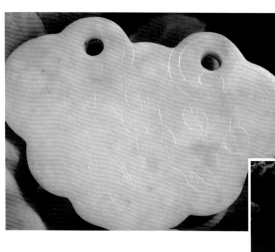

干白底

芋头底

豆底

18. 马牙底：底色发白，且带有牙黄色，微透明，质地粗糙，似马牙齿。

19. 香灰底：不透明，色如香灰，质地粗糙。

20. 石灰底：不透明，色如石灰。

21. 干青底：不透明，石花粗大，质地粗糙。

马牙底

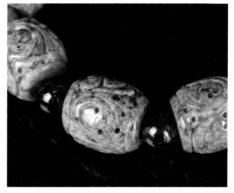

干青底

综上所述，传统分类与现代分类并不冲突，它们目标一致，殊途同归，交叉融合，可相互解释。传统分类缘于直观感受，偏重描述极微小差别，现代分类以色调为基准解读绿色与绿色的不同。传统分类详尽而过细，导致产生众多的名称给很多人带来很多困扰。当然，传统分类也有其特点，即以生活中常见且绿色相等的事物名称命名，从这些名称，依稀可以想象出翡翠绿色的样子。不过，传统分类过于繁杂，对某些绿色的界定带来一定困难。

虽然翡翠绿色种类繁多，但是只有种好的翡翠升值空间最大，如顶级的玻璃种、冰种。近十多年来，种水好的翡翠，即使无色或者颜色不够好，升值也非常快，价格上涨近百倍。相反，一些特别绿的品种，比如说铁龙生，完全不透明，就几乎没有太多升值空间。所以选购翡翠要结合种水、色、雕工等综合考量。只有种水色工均属上乘的翡翠才会是每个人都梦寐以求的收藏级翡翠。

Chapter 4
翡翠的雕刻工艺及题材

　　中国是翡翠的主要加工国，翡翠的加工史也是中国独有的玉文化史的重要组成部分。古人曰，玉必有工；工必有意；意必吉祥。中国翡翠玉石文化源远流长，对中国翡翠的雕刻行业产生了巨大的影响。本章从选料、开料、用途定位与设计、雕刻工艺流程、雕刻方法等环节逐一介绍，希望读者能对翡翠雕刻工艺整个流程的始末有个全方位的认识，体会翡翠选料到成品的个中艰辛，珍惜自己所拥有的每一件翡翠饰物。

翡翠的雕刻工艺

    翡翠的加工业主要是在中国，因此中国有着独特的翡翠文化。在翡翠的加工制作中，会使用各种各样的图案，大多数传统图案富有吉祥色彩，比如翡翠如意等，还有的图案使用动物、植物的造型，同时赋予这些动物、植物造型以美好的寓意，比如鹰和熊的组合图案，在中国翡翠文化中被称作"英雄"，使用鹰的谐音"英"以及熊的谐音"雄"来表现出人们的思想。

    而且人们对翡翠的颜色也进行了分类，并且把翡翠的颜色也取了名，比如绿色称为翠，红色、黄色称为翡，紫罗兰又称作春，三种颜色的翡翠则称为三彩，四色的翡翠则称为福禄寿喜等。

古人云，玉必有工，工必有意，意必吉祥。这样的玉石文化对中国翡翠的雕刻行业产生了巨大的影响。中国翡翠玉石文化源远流长，而且中国翡翠文化如今还在不断的发展之中，越来越多的外国商家也纷纷加入到中国的翡翠市场之中，要在中国翡翠市场一展英姿。

俗话说得好，玉不琢不成器。虽然目前玩玉原石者大有人在，且已分出玩肉与玩皮等族，但作为欣赏主体的玉件成品占有的市场份额还是高居首位。一块玉料原石雕成器件，在被赋予了明确的人文审美观的同时也为华夏子民所喜闻乐见。雕刻就像美容，是一门很专业的技能，不是类似石匠的锤锤打打。

翡翠由于其高硬度、高比重和丰富的颜色，以及其原料（尤其是高档料）非常稀少而珍贵，被称为玉中之王。翡翠的加工程序、加工材料、加工工具和加工设备有别于其他玉石。翡翠的雕刻工艺是中国玉石文化中不可或缺的部分，翡翠饰品既是物质产品，又是精神产品，对翡翠玉石雕刻饰品，要从传统文化的基础上去品味它的内涵，才能感到玉的灵气和它的神奇。

冰种翡翠英雄牌

糯种飘绿翡翠观音随形项坠

◈ 翡翠的选料

　　翡翠雕刻的原料，个人将其分成三类：原石、明料和材料。翡翠原石一般都带皮壳，因此挑选原石的过程也称为赌石。当一块玉料到了雕刻的厂家，首先经历的是"相玉"，也就是观察分析玉料的成色、料质、绺裂、瑕疵等情况，

翡翠原石

翡翠明料

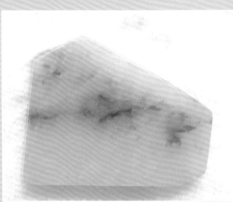

翡翠材料

再来决定制作什么，如何制作。有点类似于初步的设计。原料的特征与加工用
途的关系非常密切，如果选择不好，不仅浪费原料，加工出来也会亏本。

◉ 翡翠的开料

决定如何制作后，大块的玉料可能会被要求切开，这就是"开料"，是关键
的一个环节。现在玉石雕刻的工具基本都是采用电镀法制造的人造钻石粉工具，
切割用的是压制的铁心圆片。有些人赌石心切，往往一刀而下，不仅可能把翠
切掉（因为好翠往往是较薄的），也有可能做不了整体雕刻艺术品，失去其本来
的价值。一般正常程序是先擦皮看玉石表面特征，比如翠色的走向，裂隙的发
育与走向，种水里外变化分析与估计，原石的外形等特征。其次，根据原石整
体状况与可能做加工的用途来确定。然后，再决定是整个原料做雕件，还是切
开来做。开料后一般有个"整形"的过程，也就是将玉料整出需要的外形。切

去皮后的翡翠原石

翡翠原石的切割

崔奇铭雕海的女儿

片以不破坏翡翠的色为原则，能大则大，切片首选是手镯，剩下的用来做观音、佛像挂件和小花件。切出的料若体积小、质地好，可做戒面，裂隙多的就只能做花件或雕件。

⊙ 翡翠的用途定位与设计

完美的翡翠玉器都是经过创意设计精工而成的。雕件设计根据原石色、种、水、形、裂、黑、玉质等特征，将原石利用提高到最大价值为原则。

一般雕件的图案为人物、山子、吉祥类、动物类、花卉类等，对原料的要求是不同的。雕件主题图案与相配衬托图案是有原则和有比例的，而不是图案的简单堆积。

做小件应考虑用途与出成率。如圆雕件和手镯等。

做小雕件，如做玉佩和腰牌等，要考虑做什么图案，既用上原料的优势特征，又符合雕件图案的要求。否则，容易出废品。

做摆件时，主题图案的选择确定与原料的特征关系密切，是非常关键的环

巧妙运用翡色部分设计成盖头

设计手镯 1

巧妙运用绿色部分设计成绿叶

设计手镯 2

节。如设计做人物类，关键是看原石是否含有杂质，干净一点的部位做人物的脸，还要考虑原石是否够人物的比例使用等因素。好的设计和加工，可以化腐朽为神奇，彰显精美雕工，大幅度提升原石价值。

翡翠的雕刻工艺流程

1. 切割

将翡翠切割成不同用途规格的原料，把不能用或不符合规格的片料，改变其加工用途，达到物以尽用。摆件则根据设计图案要求，切割成大致毛坯。

手镯料取出后的翡翠材料

切割下来的镯芯

加工翡翠手镯（套芯）

加工翡翠手镯（套内芯）

2. 雕刻

先用砂轮、轧砣、圆砣、勾砣、磨砣等打磨工具把翡翠材料磨出样坯，再用各种规格钻头按照设计纹样精雕细琢。先用轧砣过细，开出人物、动物、山水和花卉等图案的外形，如开脸、动物身体和树木花卉根茎叶等。再用勾砣或各形钉勾出细纹饰，像人的鬓发、胡子、凤毛、动物鳞、动物毛和植物的叶纹等。然后收光，一般大型有实力的工厂都有这一道工序，采用专用工具和材料，把前面雕刻工序多余刻痕和"砂眼"磨平整，为下一道打磨抛光工序打下良好的基础。

设计　　　　　　　雕刻　　　　　　　抛光

（图片由"老贤玉"提供）

3. 翡翠的打磨与抛光

打磨与抛光，是在翡翠完成第一阶段的加工之后，为了提升翡翠的价值而诞生的进阶加工。

打磨可以人工打磨，属半机械化，通过磨机，用金刚砂轮工具，从粗磨至细磨，精磨到亚光。大批量的产品一般选用机器打磨，属全机械化，通过振机用金刚砂完成从粗磨到细磨、精磨各工序。一般圆雕小玉件的打磨时间，正常需 3 至 4 天。

打磨圆珠的机器

人工打磨

　　抛光过程实际上是一种精细的研磨作业，分为机抛和手抛，玉雕行业多习惯称为"光活"，涉及抛光剂、抛光工具和抛光的工艺。抛光是把翡翠表面磨细，使之光滑明亮，具有美感。抛光首先是去粗磨细，即用抛光工具除去表面的糙面，把表面磨得很细；其次是罩亮，即用抛光粉磨亮；再次是清洗，即用溶液把产品上的污垢清洗掉；最后是过油、上蜡，以增加产品的亮度和光洁度。抛光效果分为亚光、自然光、亮光三种。抛光是否精细、光滑、不刮手等因素直接影响着翡翠的光泽，而翡翠的光泽对其价值的影响也是很大的。抛光可以人工抛光，人工通过吊磨抛光机，圆盘抛光机等抛光工具和抛光材料抛出亮光。大批量的产品一般选用机器抛光，用振动抛光机加抛光材料，一般圆雕小玉件正常需 2 至 3 天完工。

　　人工打磨、抛光与机器自动打磨抛光相比，一般打磨抛光时间长，成本较高，但效果也较好，能最大程度保留雕刻纹饰的立体感与雕刻风格。

人工抛光

机器抛光

翡翠的雕刻方法

翡翠拥有着与生俱来的天然美，而好的翡翠雕工可以将翡翠的美体现得淋漓尽致，甚至可以将翡翠雕刻成具有收藏和欣赏价值的艺术品。翡翠的最终价值在很大程度上体现在雕刻工艺水平上，如果说，玉质本身好坏决定了玉器价格的六成，那么在另外的因素中，雕刻最少要占三成，甚至最终决定一件玉器的成败。一个粗劣的雕工，肯定连玉料的价格也收不回来，所以很多时候，雕工的价格已经超过了玉器本身的价格。由此可见玉器雕刻的重要性，一般来说翡翠玉雕讲究"巧、俏、精"，巧——指立意和构思巧妙；俏——指俏色的利用，合理充分的利用翡翠本来的颜色，使其达到和谐统一；精——指工艺精湛，所谓"玉不琢不成器"。

玉器雕刻题材分五大类，花鸟、人件、器皿、动物、天然瓶。而时下流行的手把件、挂件属于小件，分在五大类之外。在雕刻技法上的分类有浮雕、透雕、镂雕、线雕、圆雕、立体雕等。两种分类法是互相包含的关系。五大类题材可运用各种技法，每一种技法既可以单独也可以与其他技法搭配使用。

1. 浮雕

浮雕是一种雕刻手法，是在平面或者弧面的玉料表面上，对本来是立体的人物、动物、山水、花卉等形象采用了压缩体积的方法进行雕刻，通常只是压缩厚度，对于长与宽方位保持原来的比例关系来表现艺术形象。雕刻者可利用物象厚度被压缩程度的不同，运用凹凸面的不同，受光后所形成的明暗视觉效果和各种透视变化来表现立体感和空间感，使浮雕在表现原则上更接近绘画的方式，特别是薄浮雕就已经很像绘画了。所以，浮雕是一种介于绘画和圆雕之间的艺术表现形式，在题材的选择、形象的刻画和工艺技法上形成了自己的特点。在题材的选择方面，由于浮雕强调"平面效果"，一些在圆雕中无法表现的题材却可以在浮雕中得到充分和完美的表现。例如，环境是圆雕难以表现的，而浮雕却可以大显身手。又如风景题材是圆雕不好表现的，而浮雕表现起来却得心应手。题材的广泛性和接近绘画的表现方式使浮雕有着广泛的用途。根据物象厚度被压缩程度的不同，浮雕分为薄浮雕、浅浮雕、深浮雕。

薄浮雕：一般是将形象轮廓之外的空白处剔掉一层相同的厚度，使形象略微凸起，在玉的表层形成很薄很薄的一层轮廓，以线为主、以面为辅，线面结合，

薄浮雕翡翠吉祥如意对牌

薄而有立体感，以疏衬密。

浅浮雕：形象的轮廓用减地法做出，但形象凸起较高，并因自身的结构关系而呈现出较强的高低起伏。细部形象用线刻表现。压缩大，起伏小，它既保持了一种建筑式的平面性，又具有一定的体量感和起伏感。

深浮雕：形象的厚度与圆雕相同或略薄一些。形象因自身结构的原因而有较强烈的高低起伏，层次交叉较多，立体感极强。如果不是雕刻形象后面与背景相连，几乎可以当作圆雕来对待。

浅浮雕翡翠兔牌

崔奇铭雕翡翠寿比南山摆件

2. 透雕

透雕是指透空雕，在雕刻作品中，保留凸出的物象部分，而将背面部分进行局部镂空，就称为透雕。透雕与镂雕、链雕的异同表现为，三者都有穿透性，但透雕的背面多以插屏的形式来表现，有单面透雕和双面透雕之分。单面透雕只刻正面，双面透雕则将正、背两面的物象都刻出来。不管单面透雕还是双面透雕，都与镂雕、链雕有着本质的区别，那就是镂雕和链雕都是360°的全方位雕刻，而不是正面或正反两面。因此，镂雕和链雕属于圆雕技法，而透雕则是浮雕技法的延伸。

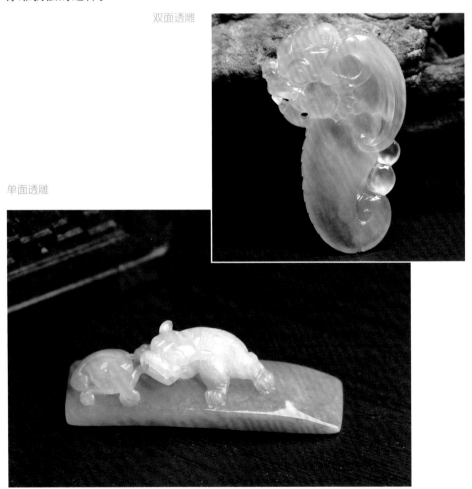

双面透雕

单面透雕

镂空雕翡翠降龙伏虎摆件

3. 镂空雕

镂空雕是圆雕中发展出来的技法，是指将玉石镂空，而不透空，有深镂空（如花瓶、笔筒等）和浅镂空（如笔洗、烟缸等），是表现物象立体空间层次的雕刻技法。镂空雕是一种雕塑形式，即把石材中没有表现物象的部分掏空，把能表现物象的部分留下来。比如一个工艺花瓶的瓶口雕成鱼网状；又如在龙钮石章中活动的"珠"就是最典型的镂空雕。

4.线雕

是指线刻、丝雕，也叫作阴阳刻，就是用线条雕刻出图案形象。阴刻是雕出沟槽般的线条，线必须要低于翡翠表面。阳刻则是凸起的棱线，但无论怎样，最高点必须和翡翠表面齐平。如人物的头发、动物的毛发和水浪等。

兰花境（宝裕和翡翠会提供）（阴刻）

竹节（阳刻）

5.圆雕

圆雕又称"立体雕"，是指非压缩的，可以多方位、多角度欣赏的三维立体造型人物、动物，甚至于静物等，是雕刻题材在雕件上的整体表现，观赏者可以从不同角度看到物体的各个侧面。它要求雕刻者从前、后、左、右、上、中、下全方位进行雕刻。

6.立体雕

是翡翠浮雕中深浮雕的发展。一般的翡翠浮雕都是在平面或者弧面的翡翠原石上进行雕刻，而立体雕则是适用于任何形状的翡翠原石。在翡翠摆件中，山体的雕刻就是典型的立体雕。

圆雕

立体雕

7. 俏色雕

中国传统的雕刻技艺上，有一种雕刻手法叫"俏色雕"，就是对一块料上的两种、三种以上的天然色彩进行巧妙构思，应用不同的造型来共同表达一个主题。这种手法甚至可"变废为宝"，有的可以在雕琢的过程中出现另一种色彩，这就要独具匠心，让它变成画龙点睛或万绿丛中一点红的画面了。如此处理出来的一件巧夺天工的佳作，其收藏价值就可想而知了。

俏色雕

翡翠的雕刻题材

　　中国的传统雕刻工艺一般是通过师徒传承，雕琢重在意和境上，在形上不一定求物的结构比例正确，在顺势处理上只要合意即可，所以在小饰品的题材上完全传统化，具体的雕刻形象大多是蝠（福）、兽（寿）、竹、松、梅、鹿、如意、灵芝、花叶、秋果、钱、寿桃等，由这些形象组合来表达吉祥如意。

　　现代的一些新的翡翠饰品，有别于传统雕工和表现形式。其特点一是雕刻题材内容更加广泛，如鳄鱼、青蛙、海豚等；二是造型讲究结构比例正确，刻画精细入微，神态逼真；三是应用素面的光亮和亚光及点、线、小面的变化进行的表面处理所产生的质感，使作品的层次、色彩更加丰富多彩；四是在形象上多采用高浮雕或圆雕，充分利用石料的三维空间来制作。这四个特点明显区别于传统做工的作品，使雕刻艺术更上一层楼，是玉石文化中的新气象。

翡翠饰品自古以来就被赋予活力、健康、富贵、长寿的寓意，尤其象征着夫妻之间感情的忠贞不渝，许多人喜欢把翡翠作为礼品，以此来表达良好的祝福，而这些寓意尤以用雕工表达为主。翡翠上的雕饰不仅有中国的传统文化内涵，也表达着人们对美好的追求和向往。俗话说："玉必有工，工必有意，意必吉祥。"雕刻在翡翠上的各种图案都表示着不同寓意的吉祥和祝福。

翡翠雕刻图案寓意如下。

诸佛菩萨：翡翠上带有如来、达摩和观音的图案，寓意有福（佛）相伴，保佑平安。

钟馗：翡翠上带有钟馗捉鬼造型的图案，寓意扬善驱邪。

财神：寓意招财进宝。

罗汉：寓意驱邪镇恶的护身神灵在保佑着平安吉祥。

寿星老：寓意长寿。

黄翡观音

翡翠雕寿星

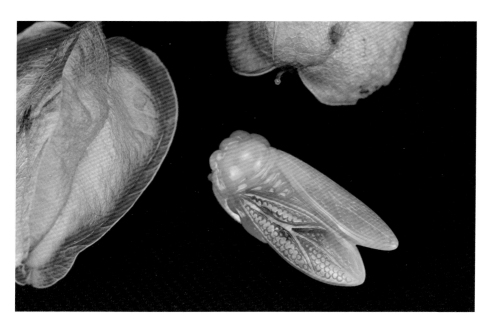

糯种带绿翡翠蝉

　　八仙：翡翠上带有张果老、吕洞宾、韩湘子、何仙姑、铁拐李、钟离、曹国舅、蓝采和八仙的图案，也有在翡翠上雕饰着葫芦、扇子、鱼鼓、花篮、阴阳板、横笛、荷花、宝剑八种法器的图案，八仙或八宝寓意着张显本领，寿喜常在。

　　龙和凤：寓意成双成对或代表着祥瑞吉祥。

　　羊：寓意着凡事扬扬得意，三只羊寓意三阳开泰。

　　蝉：寓意一鸣惊人。

　　獾子：寓意欢欢喜喜。

　　龟和鹤：寓意龟鹤同寿、延年益寿，也代表着坚定的意志。如果鹤与松树一起寓意松鹤延年，如果鹤与鹿或者梧桐在一起就表示鹤鹿同春。

　　蟾：寓意富贵有钱。如果蟾与桂树在一起就表示蟾宫折桂。

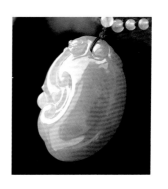

翡翠雕獾子

熊和鹰：寓意英雄斗志。

狮子：寓意勇敢，两个狮子表示事事如意。一大一小的狮子表示太师少师，即位高权重的意思。

喜鹊：寓意喜气。两只喜鹊表示双喜，如果喜鹊和獾子在一起表示欢喜，如果喜鹊和豹子在一起表示报喜，如果喜鹊和莲在一起表示喜得连科。

驯鹿：寓意福禄常在。如果鹿与官人在一起表示加官受禄。

翡翠雕鹰

麒麟：寓意祥瑞，表示太平盛世。

蝙蝠：寓意福到。五个蝙蝠表示五福临门，如果蝙蝠和铜钱在一起寓意福在眼前，如果蝙蝠与日出或者海浪在一起表示福如东海。

貔貅：寓意招财进宝，天赐福禄，也有辟邪的意思。

大象：寓意吉祥或喜象。如果大象与瓶在一起表示太平有象。

翡翠雕蝙蝠

鲤鱼：翡翠上带有鲤鱼跳龙门图案寓意平步青云飞黄腾达。

金鱼：寓意金玉满堂。

猴子：寓意升官。如果雕饰的是猴骑在马上就表示马上封侯，如果猴子与印在一起表示封侯挂印，如果是大猴背小猴就表示代代封侯。

雄鸡：寓意吉祥如意，如果还带有五只小鸡就表示五子登科。

螃蟹和甲壳虫：寓意富甲天下。

翡翠雕鲤鱼

蜘蛛和海螺：知足常乐。

鹌鹑：寓意平安如意。如果鹌鹑和菊花或者和落叶在一起就表示安居乐业。

壁虎：寓意必得幸福。

鼠：寓意顽强的生命力。因为鼠聚财的本领是数一数二的，所以鼠和钱在一起代表数钱。

十二生肖：寓意祈求平安和幸福的辟邪护身符。

兰花：寓意品性高洁。如果兰花与桂花在一起表示兰桂齐芳，也就是子孙优秀的意思。

梅花：寓意傲骨长存。如果梅花和喜鹊在一起表示喜上眉梢。松竹梅在一起寓意岁寒三友，患难挚友。

寿桃：寓意长寿祝福。

葫芦：寓意福禄相伴。

佛手：寓意福寿常在。

五鼠运财　施禀谋作品

翡翠佛手

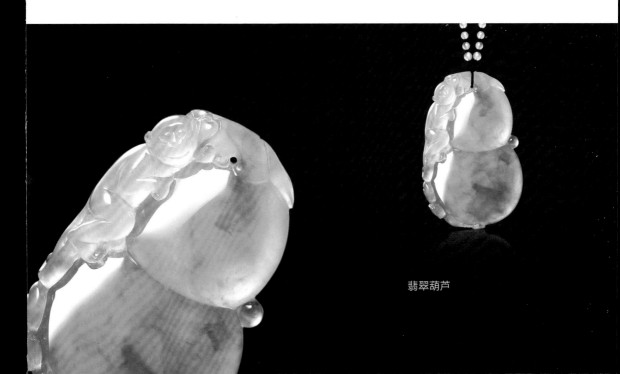

翡翠葫芦

翡翠雕莲藕

翡翠雕竹

牡丹 施禀谋作品

百合：寓意百年好合。如果百合与藕在一起表示佳偶天成，百年好合。

麦穗：寓意岁岁平安。

莲荷：寓意出淤泥而不染。如果莲与梅花在一起表示和和美美，如果莲与鲤鱼在一起表示连年有余，如果莲与桂花在一起表示连生贵子，如果是一对莲蓬就表示并蒂同心。

竹子：寓意平安，富贵。竹报平安，节节高升。

柿子：寓意事事如意。

石榴：寓意榴开百子，多子多福。

牡丹：寓意富贵。如果牡丹与瓶子在一起表示富贵平安。

菱角：寓意伶俐，如果菱角和葱在一起表示聪明伶俐。

花生：寓意长生不老。

宝瓶：寓意平安。如果瓶子与鹌鹑和如意在一起表示平安如意。如果瓶子与钟铃在一起表示众生平安。

风筝：寓意青云直上或春风得意。

谷丁纹：这是一种在青铜器和古玉器中常用的纹饰，寓意五谷丰登、生活富足。

牡丹和月亮：寓意花好月圆。

灵芝和兰草：寓意君子之交。

一茎莲花或一茎荷叶：寓意一品清廉。

荔枝、桂圆、核桃：寓意连中三元，即解元、

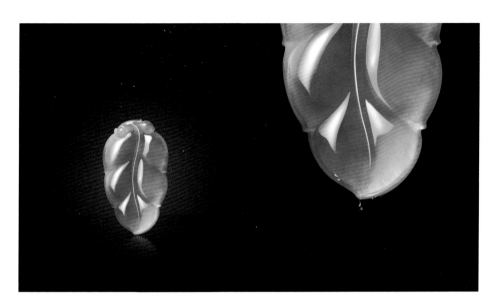

翡翠叶子

会元、状元。

树叶：寓意事业有成。

平安扣：寓意平平安安。

童子骑龙：寓意状元及第。

百鸟图：寓意百鸟朝凤。

各图案组合的雕刻题材寓意如下。

年年大吉：由两条鲇鱼和几个橘子组成，以"鲇"与"年"、"橘"与"吉"谐音，表达富足、丰收的愿望，其中鱼均刻成鲤鱼，因鲤鱼善跳跃，民间有鲤鱼跳过龙门即变为龙的传说，故世人常将其作为高升、幸运的比喻。

翡翠平安扣

一跃高升：水波上有一条活泼跳跃的鲤鱼，以"鱼"与"一"谐音，鲤鱼跃龙门表达在仕途、商场上一举腾达的良好祝愿。

翡翠摆件年年有余

　　年年有余：由荷叶、莲蓬和鲤鱼构成图案，寓意生活富裕、丰庆有余的好日子年复一年，好运不断。

　　一品清廉：以一茎莲花构成图案，"清莲"与"清廉"同音。莲花在中国被称为君子之花，宋代周敦颐的《爱莲说》盛赞莲花"出淤泥而不染，濯清涟而不妖，中通外直，不蔓不枝，香远益清，亭亭净植，可远观而不可亵玩焉"，所以其形象高洁、清雅，"一品清廉"比喻仕途顺利，为官清廉。

　　丹凤朝阳：首翼赤色的凤凰称为丹凤，丹凤向着太阳，象征美好和光明，也比喻为"贤才逢明时""人生逢盛世"。

龙凤呈祥：龙象征尊贵、权威，凤象征美丽、吉祥，龙凤常喻新婚之喜，万事如意，一般雕刻成翡翠龙凤牌。

福寿双全：图案中一只蝙蝠象征"福"，两颗寿桃象征"寿"，两枚古钱象征"双全"。图案以谐音寓意幸福、长寿的美好人生。

福在眼前：图案中一枚古钱、一只蝙蝠，蝙蝠在钱眼之前，寓意时来运转、幸福将至。

福禄有寿：由蝙蝠、葫芦和寿桃构成图案，以"蝠"与"福"，"芦"与"禄"谐音，桃表示长寿。

寿天百福（五福捧寿）：图案由五只蝙蝠围抱寿桃构成，象征人的一生非常完美，在各个方面皆获得成功。

天马行空：在古代传说中，天马是能飞的神兽，天马行空寓意奔放的气势和超群的才华。奔马图案在很多场合又寓意马到成功。

万象更新：图案由大象和一盆万年青构成，象征时来运转、祥和如愿、财源不断。另外，大象还象征平安、祥瑞，如"太平有象"挂件，寓意时逢盛世，天下安宁。

翡翠摆件福寿双全

翡翠印章福在眼前

翡翠挂件喜上眉梢

事事如意：由两个柿子和如意组成的图案，喻事事顺利、万事如意。

瓜瓞绵绵：图案由大瓜、小瓜、瓜蔓和瓜叶组成。"瓜瓞绵绵"一说出自《诗经·大雅·绵》"绵绵瓜瓞，民之初生"。图中瓜之大者为瓜，小的瓜则称为瓞。瓜一代接着一代生长，以前比喻家族人丁繁盛，当今则比喻丰收有成，硕果累累。

喜上眉梢：喜鹊站立在梅树枝头，寓意吉星高照、喜事临门。

另外，在花件中还常见以松竹梅兰、仙鹤、灵芝组成的图案。松、竹、梅并称为"岁寒三友"，松、竹、梅、兰称为"四君子"。松是常青、挺立、刚毅的象征，竹是高尚气节、谦虚胸怀的象征。

翡翠花件的图案还有很多，如宝船图（由寿星、童子、元宝和帆船组成）、报喜图（由豹、鹊组成）、喜在眼前（喜鹊与古钱）、喜报三元（喜鹊、桂圆三枚）、金玉满堂（金鱼数条）、麒麟送宝（麒麟、元宝）、一帆风顺（帆船和祥云）、风调雨顺（宝瓶朝下洒水、蝙蝠、祥云和风帆）、鹏程万里（苍鹰展翅于云海之上）、心缘（鸡心）、平安如意（宝瓶、如意）、竹报平安（竹、爆竹、鹌鹑）、百年好合（荷花、百合、万年青）、封侯挂印（猴子、枫树、印章）等。

翡翠饰品及雕件常常根据民间传说、佛经故事、民间谚语、吉祥图案等，应用人物、花鸟、走兽、器物来表达福顺、喜庆、尊贵、欢乐、高雅、安宁等含义。利用谐音、借喻、比拟、象征等表现手法来设计、构造图形以表达意境。翡翠制品不仅是人们喜爱佩戴或用以摆设的饰品，而且也是亲朋好友之间相互馈赠、礼尚往来的最佳礼品。所以，当你收到（或送出）一块翡翠制品，你不仅收到（或送出）了一件精美的礼物，同时，也得到或送出了一份真诚美好的祝愿。

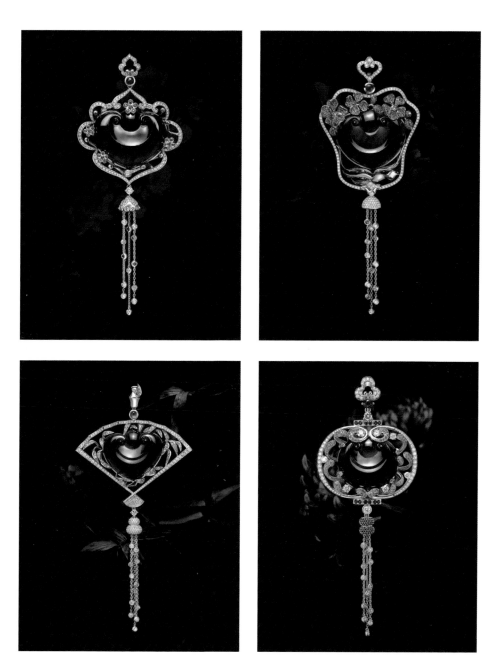

翡翠饰品 梅兰竹菊（派瑞翡翠提供）

Chapter 5

翡翠优化处理
方法及鉴别

　　天然翡翠与经人工处理的翡翠在外观上看似相同，但在物理性质和耐久性等方面却有着本质的区别。翡翠的常见优化处理方法主要有热处理；漂白、浸蜡；漂白、充填；染色；覆膜等。随着人工合成翡翠技术的发展，宝石级翡翠也应运而生。本章节就市场中较为常见的人工处理方法和鉴定依据逐一分析介绍，着重从常规鉴定方法入手，掌握翡翠常见优化处理方法的鉴定技巧。

在国家标准《珠宝玉石 名称》中，将除切磨和抛光以外，用于改善珠宝玉石的颜色、净度、透明度、光泽或特殊光学效应等外观及耐久性或可用性的所有方法称为优化处理。其中包括了优化和处理两大类。

优化是指传统的、被人们广泛接受的、能使珠宝玉石潜在的美显示出来的处理方法。经优化后的珠宝玉石可以直接使用珠宝玉石名称，可在相关质量文件中附注说明具体优化方法。常见的珠宝玉石优化方法包括热处理、漂白、增白、浸蜡、浸无色油、无色覆膜、玉髓（玛瑙）的染色、水晶的辐照等。

处理是指非传统的、尚不被人们接受的优化处理方法。经处理后的珠宝玉石要在珠宝玉石名称处注明其处理方法。常见的珠宝玉石处理方法包括浸有色油、充填、染色、辐照、激光钻孔、有色覆膜、高温高压、表面扩散等。

热处理

随着人们对红翡需求的大增，热处理的翡翠也变得越来越常见。其方法就是把原本为褐黄色、棕黄色、黄色的翡翠（一般是质地较粗的翡翠）通过一定的高温处理，使得翡翠呈现为黄色或红色。其原理是通过加热加速了褐铁矿失水的过程，使其转变成了赤铁矿。经热处理的翡翠其基本性质与天然翡翠基本相

热处理变红色的翡翠原料

同，所不同的是，经过热处理的翡翠一般来说看起来颜色比较匀称、艳丽，但不太通透，缺乏水分而略显干涩。为获得较鲜艳的红色，可进一步将翡翠浸在漂白水中，氯化数小时，以增加它的艳丽程度。

天然皮色翡翠

翡翠的热处理属于优化，鉴定证书上不用注明，即可以当天然翡翠（俗称 A 货）出售。

天然翡翠翡色往往色调偏暗，为褐黄色或褐红色，颜色多变，有层次感；质地比较温润细腻；天然翡翠翡色与其他原生色（白色、绿色或紫色）为突变关系，尤其是红翡的地方，会有一个明显的界线；翡色部位相对会透明一些，尤其是界线部位透明度会比较好；抛光后表面光滑平整，反光明亮。

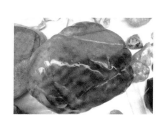

热处理变红色的翡翠

热处理后变黄的翡翠

　　加热处理翡翠的翡色往往是鲜艳的红色色调，颜色明亮，比较单一，无层次感；质地显得粗糙，种干，颗粒感明显；颜色界线不清晰，为渐变过渡关系；翡翠不同颜色之间透明度变化不大；表面会出现细小干裂纹，光滑程度降低，反光弱。

　　热处理的红翡翠与天然红色翡翠的物理性质基本相同，常规方法不易鉴别。通过红外光谱仪进行鉴别可以看出，天然翡翠在 $1500cm^{-1}$ ~ $1700cm^{-1}$、$3500cm^{-1}$ ~ $3700cm^{-1}$ 附近表现出较强的吸收区，为结晶水和吸附水的吸收区；经热处理的红翡翠在上述两个位置没有强的吸收区，说明烧制翡翠中没有水的存在。

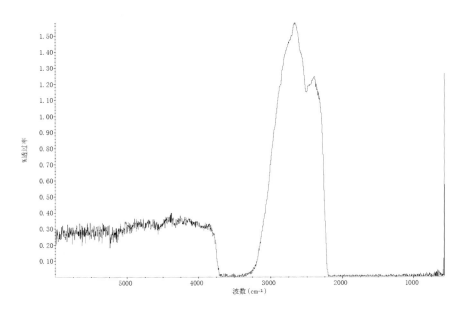

加热红翡的红外光谱透射图

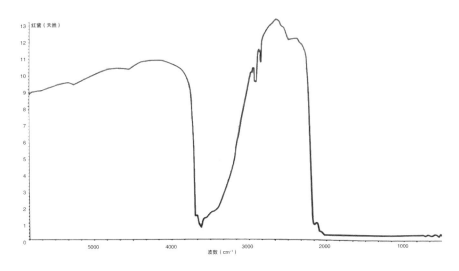

未加热红翡的红外光谱透射图

◉ 浸蜡

浸蜡也是翡翠优化处理的主要方法之一，其目的主要是为了掩饰一些表面的微小裂痕以及增强光泽，提高翡翠的透明度。具体的操作方法是将翡翠浸泡于蜡的液体中稍微加温，使得蜡或者油浸入翡翠的裂隙中。但是这种方法耐久性较差，如果遇到高温会使蜡质溢出，或者佩戴一段时间后，翡翠的光泽及透明度明显降低。

浸蜡是翡翠加工中的常见工序，在国家标准GB/T16552《珠宝玉石 名称》中，将此项工艺列为优化。轻微的浸蜡不影响翡翠的光泽和结构，属于优化，鉴定证书上不用注明，即可以当天然翡翠（俗称 A 货）出售。

在翡翠饰品加工过程中，漂白、浸蜡是十分重要的传统工艺。对于不同的翡翠饰品，一般可采用其中某一种方式，也可以二者并用实施优化，以达

煮蜡

浸蜡后的翡翠手镯

到改善翡翠饰品外观美感的目的。

　　随着翡翠饰品加工作坊、厂家的增多，对翡翠的漂白、浸蜡没有量的概念，严重浸蜡的翡翠饰品已属于处理范畴，在对翡翠饰品优化、处理区别上难度加大。但笔者认为从翡翠的红外透射谱线的蜡峰和紫外荧光灯下的蓝白荧光还是可以大致确定区分的。严重浸蜡的翡翠属于处理，鉴定证书上要注明"浸蜡处理"，出售时要注明翡翠（浸蜡）。

　　红外光谱有机物峰明显，具有2854cm^{-1}、2920cm^{-1}附近的强吸收峰。

浸蜡翡翠紫外荧光短波（SW）下反应

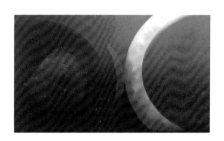

浸蜡翡翠紫外荧光长波（LW）下反应

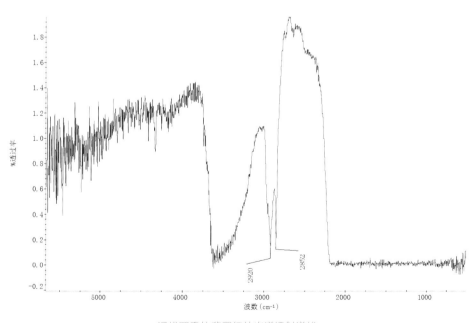

浸蜡严重的翡翠红外光谱透射谱线

◉ 抛光粉残留

　　抛光粉是翡翠加工业中常见的辅助原料，抛光这道工序为了使翡翠看上去光泽度更高，翡翠抛光时通常会使用金刚石微粉，同时会使用刚玉微粉和一些人造抛光粉搭配进行抛光，使翡翠表面珠圆玉润、色彩鲜亮。多数抛光粉是无色的，但也有商家会根据翡翠自身的颜色添加不同颜色的抛光粉，绿色翡翠用绿色粉，紫色翡翠用紫色粉。尤其是在手镯的抛光过程中，这种手法简单易行而被广泛应用。

　　有色抛光粉残留的翡翠，如果清洗得不够彻底，肉眼就能看到翡翠表面浮有一层抛光粉的色调。鉴定有抛光粉残留的翡翠时主要是通过显微镜放大观察并结合紫外荧光鉴定，细心观察很重要，尤其是雕工复杂的首饰或者摆件，要注意观察其凹陷处和沟壑处是否有颜色富集现象，拿酒精棉擦拭颜色富集处有掉色现象，即为有抛光粉残留。刻意的抛光粉残留且残留严重，已经影响翡翠本身颜色，提升翡翠价值的，可以划归到染色翡翠（C货）范畴里。

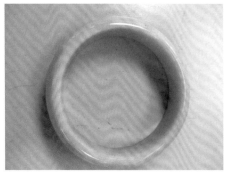

表面残留有大量绿色、紫色抛光粉的翡翠手镯

绿色抛光粉残留（20X）

表面残留有大量绿色、紫色抛光粉的翡翠手镯

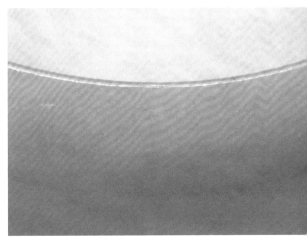

紫色抛光粉残留局部放大观察

表面残留有抛光粉手镯的荧光反应

表面残留紫色抛光粉的翡翠手镯

◈ 漂白、充填翡翠（B 货）

翡翠常因存在铁、锰等元素的杂质，而产生黑色、灰色、褐色、黄色等杂色，影响了翡翠的美观程度，降低了翡翠的价值。为了去掉这些杂色，人们常用化学的方法（硝酸、盐酸、硫酸、磷酸）给翡翠漂白，俗称"洗澡"或"冲凉"，根据翡翠种质的不同，漂白时间也不同，一般 2～3 周，长的可达几个月。

漂白、充填翡翠通常选用未抛光、结构不太紧密，且又基底泛黄、泛灰、泛褐等有脏的翡翠成品或小块的原石，块大者可切成片状。质地细腻、干净的翡翠不适于此类处理方法，基本也不会去酸洗漂白。

漂白是传统玉器加工中常用的方法之一，俗称"过酸梅"。目的是去除表面层杂色，不影响翡翠的耐久性，目前仍在应用。而通常意义上所指的漂白是将翡翠放置强酸中，破坏翡翠的原有结构，并有其他物质进入，此种漂白属于"处理"。

充填是指对经过严重酸洗漂白的翡翠进行充填固结处理。在漂白过程中，去除杂色和脏的同时也破坏了翡翠的结构，造成翡翠粒隙间出现较多较为明显的缝隙，结构变得疏松。这样的翡翠不可能直接使用，必须用能够起固结作用的有机聚合物充填于缝隙之间，处理后的翡翠更加透明也提高了其牢固度。

近些年由于翡翠市场的活跃，成熟先进的翡翠

翡翠镯芯（漂白前）

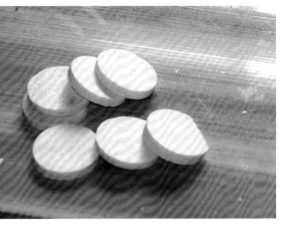

翡翠原料（准备漂白）

漂白中的翡翠手镯

翡翠手镯（漂白后）

优化处理技术也应运而生，通常需要经过选料、强酸浸泡、弱碱中和、清洗、烘干、填充、抛光等步骤来完成处理。

漂白、充填使得翡翠的结构受到一定的破坏，并且胶质固结物经过一段时间后会发生老化现象，翡翠的光泽、颜色、透明度等都会发生变化，从而影响翡翠的耐久性。

漂白、充填翡翠（B 货）的常规鉴定方法如下。

酸洗、充填注胶后的翡翠手镯（B货）

1. 颜色

由于翡翠结构被破坏，内部原有的光学性质也发生了改变，经过处理的翡翠分布的颜色缺少层次感。虽然这种方法处理的翡翠的绿色仍为原生色，但经过酸性溶液的浸泡，基底变白，透射光下发灰，原来颜色的定向性遭到破坏，绿色分布较浮较散，视觉上不够自然灵动。

2. 光泽

翡翠经强酸强碱浸泡后，结构变得疏松，表面可见溶蚀凹坑，使之产生光的漫反射，光泽变得较弱，加入树脂或塑料等有机充填物后，翡翠常有树脂光泽、蜡状光泽或者是玻璃光泽与树脂光泽、蜡状光泽的混合光泽。

漂白后的翡翠（上）与
漂白前的翡翠（下）

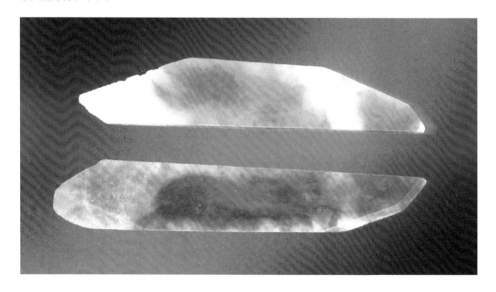

酸洗、充填注胶后的翡翠镯芯
（B货）

3. 折射率

漂白、充填处理的翡翠多数折射率略低。折射率为 1.65 左右（点测）。但是由于翡翠的矿物组成复杂，某些天然翡翠的折射率值也可能偏低，折射率只能作为参考数据，通常不能作为判定翡翠是否经过充填的依据。

4. 荧光

经漂白、充填处理的翡翠大都具有或弱至强的紫外荧光，荧光常呈斑驳状或均匀状分布。早期"B货"翡翠绝大多数有荧光。短波下荧光弱，呈黄绿或蓝绿（蓝白）；长波下荧光中至强，呈黄绿或蓝白色。但近期这种方法处理的翡翠通常荧光强度较弱或无荧光。

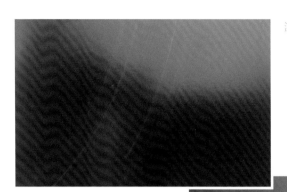

漂白、充填翡翠短波（SW）下荧光反应

漂白、充填翡翠长波（LW）下荧
光反应

5. 密度

漂白、充填处理的翡翠多数密度略低，密度为（3.00～3.43）g/cm³。但是由于翡翠的矿物组成复杂，密度只能作为参考数据，不是决定性的鉴定证据。

从左到右依次为天然翡翠、漂白后翡翠、翡翠（漂白、充填）

6. 放大检查

用反射光观察样品的表面，翡翠受到强酸强碱浸泡腐蚀后，由于有物质渗出进入，会在表面及内部沿矿物晶体间形成溶蚀，内部裂隙呈交错连通状分布。表面明显可见分布较均匀的"蛛网"状或"沟渠"状裂纹。出现这种特征基本能确定为漂白、充填翡翠。但要注意与抛光不良造成的麻点状表面相区分。漂白、充填处理翡翠裂隙边缘较为圆滑，溶蚀痕迹较明显，"翠性"不明显；镜下观察，抛光不好的翡翠所形成的麻点状凹坑多呈三角形，边缘较尖锐，分布不均匀，多出现于颗粒粗大处，"翠性"明显。

用透射光观察，经过漂白、充填处理的翡翠结构松散，颗粒边缘界限模糊，颗粒破碎，解理不连贯，可见内部纵横交织的裂隙。

B 货翡翠沟渠状裂纹　　　　　　　　　　　　　　B 货翡翠蛛网状裂纹

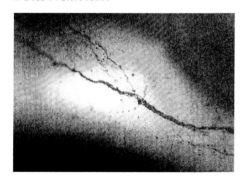 

抛光不良的翡翠表面　　　　　　　　　　　经漂白、充填处理的翡翠（B 货）表面

漂白、充填处理的翡翠手镯

充填处理后翡翠表面的胶结物

漂白、充填处理的翡翠手镯 局部

　　充填物与翡翠本身的硬度差别较大，在原生的裂隙处呈较明显的凹沟，充填物明显低于两边，许多绺裂组成了纵横交错的"沟渠"。稍宽的绺裂中可见胶结物或气泡残余。随着加工技术的革新发展，近期出现的漂白、充填处理翡翠表面非常光滑，以上现象并不明显，检测过程中一定要观察仔细，不能轻易下定论。

自然透射光下处理后翡翠内部结构

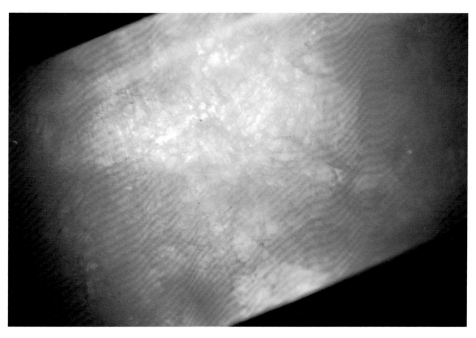

处理后翡翠显微放大观察图（20×）

7. 敲击

经过漂白充填后的翡翠，其结构被破坏，矿物颗粒间被胶质充填。因此轻轻敲击后发出沉闷的声音，与天然翡翠清脆之声有明显的区别（翡翠手镯采用此方法鉴别效果最好）。

8. 红外光谱仪检测

红外光谱仪是鉴别翡翠最常用、也是最有效的大型仪器。漂白、充填处理翡翠其特点是成分中含有机物，而且不同的充填物羟基的结构不同，呈现不同的吸收谱带，常在$2600cm^{-1}$ ～ $3200cm^{-1}$区间存在蜡和环氧树脂的强吸收峰。

傅里叶红外光谱仪

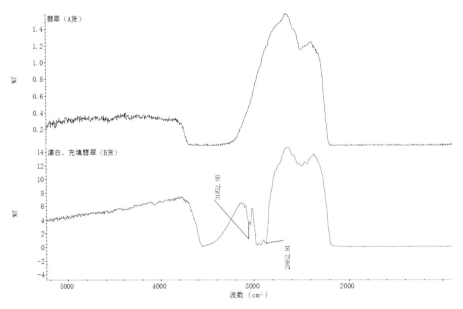

翡翠（A货）透射谱线（蓝线）；漂白、充填翡翠（B货）透射谱线（红线）

目前一种新型的漂白、充填处理翡翠出现在市面上，其红外光谱透射谱线特征如下。

3000cm⁻¹ 以下的两个吸收峰 2808cm⁻¹、2675cm⁻¹，乍看组合与蜡吸收峰 2920cm⁻¹、2854cm⁻¹ 相似，但峰位明显不同。传统翡翠 B 货具 3028cm⁻¹ 环氧树脂吸收峰，部分伴有 2854cm⁻¹、2920cm⁻¹ 蜡吸收峰。3000cm⁻¹ 以上的吸收峰明显向 4000cm⁻¹ 扩展。4000cm⁻¹ ～ 5000cm⁻¹ 的吸收峰有明显区别。

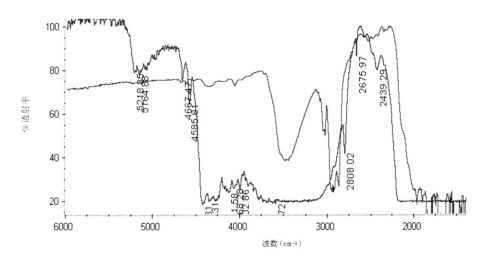

两种漂白、充填翡翠（B 货）透射谱线

9. 激光拉曼光谱仪检测

硬玉的拉曼光谱具有四个特征谱带（375.5cm⁻¹、699.9cm⁻¹、1039.9cm⁻¹ 和 1992cm⁻¹），其中属于 Si-O-Si 的弯曲振动的 375.5cm⁻¹、699.9cm⁻¹ 两个谱峰较明显。因为漂白充填翡翠中所使用的充填物一般为环氧树脂，所以 B 货翡翠中 1100cm⁻¹ 以上有六条强拉曼谱带，分别是 1114cm⁻¹、1183cm⁻¹、1606cm⁻¹、2869cm⁻¹、2905cm⁻¹ 和 3070cm⁻¹。

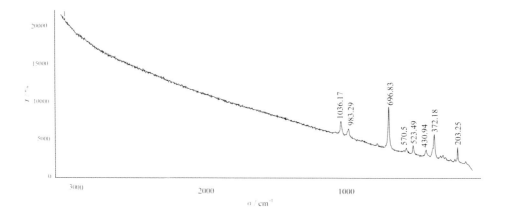

天然翡翠拉曼光谱

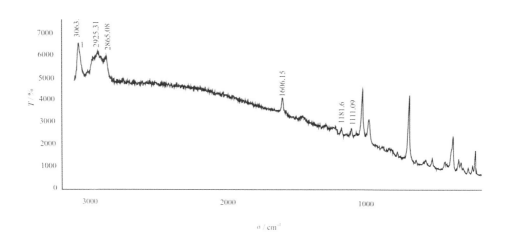

漂白、充填翡翠拉曼光谱

◈ 染色处理翡翠（C货）

　　染色处理翡翠是经过人工加色处理翡翠的统称，指在原本色浅或者无色的翡翠基底上用人工的方法使其产生颜色的方法。经染色处理的翡翠行内称为"C货"。染色的方法有很多种，原材料多数采用颗粒较粗的翡翠，用稀酸漂白，使翡翠颗粒之间产生微裂隙，取出清洗、干燥后放入有色的染料或颜料溶液中，使染色剂顺着裂隙进入翡翠。这种方法可以减少浸泡时间，但颜色沿裂隙分布会更加明显，浸泡的时间视翡翠的大小和质地而定。还有一种方法就是局部染色，用毛笔蘸着染料涂画在漂白后的翡翠上，这样可以描画出颜色各式各样的翡翠。

　　染色翡翠主要是将白色翡翠染上绿色或紫罗兰色，也有染成黄色、红色的，或将浅绿色

酸洗后进行翡翠手镯染色

酸洗后进行翡翠手镯染色

酸洗后染色翡翠手镯

翡翠加上更艳的绿色，使之颜色浓而艳丽，目的就是为了满足人们对翡翠颜色的追求与喜爱。一般来说，按照染色的染料可分为有机物染料染色的和无机物（Cr盐）颜料染色的两种，如果按照染色的程度可分为完全染色、部分染色和色上加色三种类型。已染色的翡翠烘干，然后上蜡，为的是增加翡翠的透明度，掩盖裂隙。

为了提高翡翠的透明度，起到掩盖裂隙及固结的作用，部分染色翡翠需进行充胶处理，俗称"B+C"货。

未打磨抛光的染色，漂白、充填翡翠手镯（B+C 货）　　染色，漂白、充填翡翠手镯（B+C）

染过色的翡翠耐久性较差，因为着色剂只是存在于颗粒之间的缝隙中，未能进入到晶格内，当染色翡翠长期暴露于光线强的环境下、经酸碱溶液的侵蚀、受热，甚至空气的氧化作用时，染料会发生变化或被溶解掉，也就是人们常说的"掉色"，影响佩戴。

染色翡翠的鉴定特征如下。

1. 放大检查

利用放大镜或显微镜观察颜色的分布，由于染料沿颗粒边界或裂隙进入翡翠，所以看到染色的颜色呈丝网状或浮丝状分布，在较大的绺裂中可见染料的沉淀或聚集。这是鉴别染色翡翠最直接的证据。

染色，漂白、充填翡翠挂件（B+C）

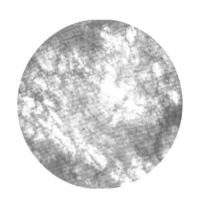

染料呈丝网状分布（20X）

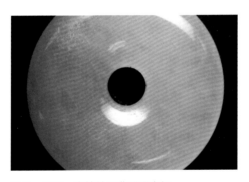

染色，漂白、充填处理翡翠平安扣

显微表面特征（20X）（反射光）

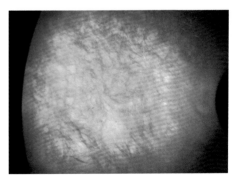

显微放大观察图（20X）（透射光）

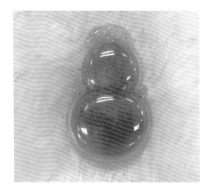

染色翡翠挂件

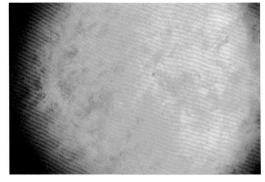

染色处理翡翠（紫色）显微放大图（20×）

2. 吸收光谱特征

染色处理的绿色翡翠常出现 650nm 宽吸收带。特征的吸收光谱是鉴定染色翡翠的有力证据。

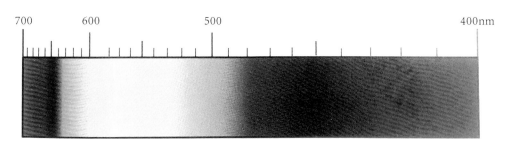

染色处理的绿色翡翠的吸收光谱

3. 查尔斯滤色镜

由于着色剂的不同，染色翡翠在查尔斯滤色镜下的反应也不同，既可以无变化也可以变红。如果绿色翡翠在查尔斯滤色镜下显棕红色或浅棕红色，则表示该翡翠经过无机染料（铬盐）染色处理。

4. 紫外荧光

与 B 货翡翠荧光类似，但有些染色翡翠在紫外光的照射下，会发黄绿色、粉红色或橙红色荧光。

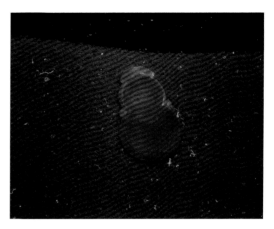

染色处理翡翠（紫色）的荧光反应

5. 红外光谱

经有机染料染色的翡翠在红外光谱中出现 $3000cm^{-1}$ ～ $3200cm^{-1}$ 的吸收峰带，还有 $2800cm^{-1}$ ～ $3000cm^{-1}$ 存在多个吸收峰，与 B 货翡翠红外谱线相同，表示存在有机物。

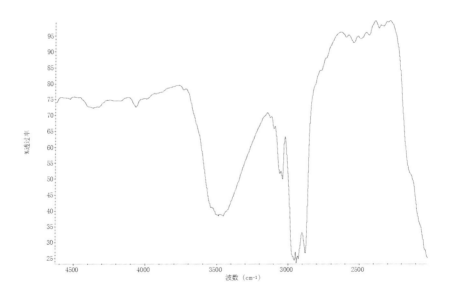

染色，漂白、充填翡翠（B+C）红外光谱透射谱线

覆膜处理翡翠

覆膜处理的翡翠又称"穿衣"翡翠，也有人称其为"D货"，是在无色或浅色翡翠成品的表面涂上一层绿色有机薄膜，以达到改善颜色、透明度及掩盖瑕疵的目的，来冒充天然的高档翡翠。由于覆膜翡翠的耐久性较差，随着时间的推移，薄膜容易脱落。市场上常有消费者甚至珠宝商购买此类"高档"翡翠，从而造成较大的经济损失。

翡翠覆的膜是采用绿色胶状高挥发性的高分子材料，如指甲油状的物质，用毛笔把这种黏稠的胶状物均匀地涂抹在切磨好的无色翡翠上，绿色胶挥发凝固形成薄膜。这种处理方法一方面是增加颜色，另一方面在B货表面涂膜可以掩盖其表面的龟裂纹，迷惑消费者。然而，这种东西比较容易识别，并且耐久性不好，胶不小心被划掉是很正常的。

穿衣翡翠，非常形象，不过毕竟是俗称，所以未被采纳为专业术语。依照国家标准叫覆膜翡翠，也就是说，如果一个鉴定证书，确认了某样品为覆膜翡翠的话，定名应该为"覆膜翡翠"或者"翡翠（处理）"并在备注栏中写"经覆膜处理"。

早期的穿衣翡翠一般限于手镯、蛋面，这种素面形的，因为胶冷却时受到表面张力的影响，往往冷却成表面外张弧型。随着技术的发展，现在已经不限于蛋面了，一些雕件，特别是干青、铁龙生这些有色无水的品种，为了补水，也开始穿衣。以现在的技术，胶的温度控制更精确，样品入浴、出浴温度也控制得更好，所以，即便是雕工很复杂的产品，也可以"穿衣"了，不过从鉴定角度来说，鉴定方法都是一样的。

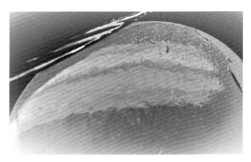

覆膜翡翠

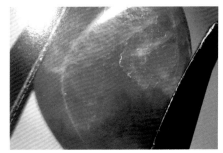

薄膜脱落

覆膜翡翠鉴定特征如下。

覆膜翡翠表面颜色均匀，色调、彩度出奇的一致，没有变化，这与天然翡翠的颜色特征略有不同；因膜的覆盖，翡翠的结构特征受到不同程度的掩盖，因此看不到翡翠矿物的解理面闪光，很难看到"翠性"；覆膜的翡翠折射率偏低，点测法为 1.56 左右（薄膜的折射率）；放大观察表面多呈树脂光泽，无颗粒感，局部可见气泡；边缘部位有时可见薄膜脱落；手感较天然翡翠涩；用针轻触表面硬度较低。红外光谱测试可以看到 $2800cm^{-1}$ ~ $3000cm^{-1}$、$2300cm^{-1}$ ~ $2400cm^{-1}$ 范围内出现甲基或亚甲基有机物的特征峰。

薄膜脱落

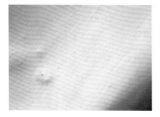

覆膜翡翠中的气泡

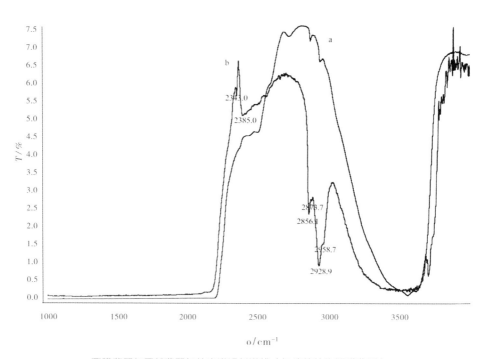

覆膜翡翠与天然翡翠红外光谱透射谱线（标峰值的为覆膜翡翠）

◎ 翡翠拼合石

翡翠拼合石实质上是一种由两块或者两块以上的翡翠经人工拼合，达到整体上以次充好的目的。翡翠拼合石一般常在翡翠戒面和翡翠原石中出现。

二层石有真二层和假二层之分，真二层是上下两层均用颜色一致的翡翠，经黏合成一粒较大的戒面。假二层则是上层为无色翡翠，下层为绿色玻璃或别的材质的绿色薄片。三层石的拼合方式基本雷同。目的都是以小料充大料，增加颜色的鲜艳度，获取更大利益。

翡翠拼合石的鉴定方法如下。

放大观察。对翡翠原料，应观察皮壳的原料特征，从黏合口的颜色等方面找出破绽，对未镶嵌的戒面、挂件，主要观察其侧面有无黏合的接缝，有无细微的分层迹象，颜色和光泽有没有异常等。有些封底的镶嵌饰品，如果完全封底或者只有很小的窗口，应多加注意，时有拼合的情况发生。将翡翠拼合石在镜下仔细观察，会发现不同层面有不同颜色，在不同颜色的交界处，就是粘合痕迹。在黏合处，常常会有气泡存在。

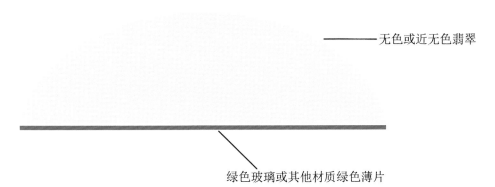

——无色或近无色翡翠

绿色玻璃或其他材质绿色薄片

翡翠拼合石示意图

☉ 人工合成翡翠

人工合成翡翠技术的研究始于 20 世纪 60 年代。1963 年，贝尔（Bell）和罗茨勃姆（Roseboom）发现翡翠是一种低温高压矿物，必须在高压条件下才能合成，至此开始了真正意义上的翡翠合成研究工作。80 年代，我国吉林大学和中科院长春应用化学所、中科院贵阳地球化学研究所等单位也进行了合成翡翠的试验。但由于实验条件和设备所限，难以实现硬玉由非晶质向晶质体的全面转化，同时，致色离子 Cr^{3+} 难以进入其晶格中，最终合成硬玉样品属非宝石级，仅为不等量的硬玉微晶和玻璃体的混合物。20 世纪 80 年代，美国的通用电气公司（GE）相继开始了合成翡翠的研究。2002 年，GIA 首次对 GE 宝石级合成翡翠做了简要的报道。迄今，人们对这类宝石级合成翡翠的特征了解甚少。

要人工合成翡翠，首先，根据翡翠的矿物分子式为 $NaAlSi_2O_6$，可选用 Na_2O、Al_2O_3、SiO_2、Na_2SiO_3、Na_2CO_3、$Al_2(SiO_3)_3$ 等试剂进行组合，制成非晶质的翡翠玻璃料，再将玻璃料粉碎后放入高纯石墨坩埚中，进行高温超高压条件下结构转化，即可得到晶质翡翠。

合成翡翠戒面

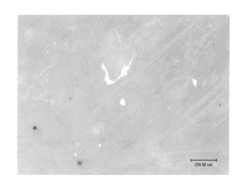

合成翡翠表面显微观察图

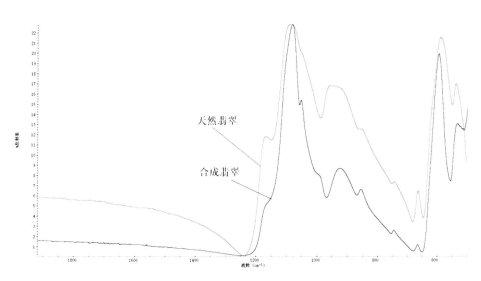

天然翡翠与合成翡翠的红外光谱反射谱线

Chapter 6

翡翠与相似品鉴别

目前市场上较为常见的与翡翠相混淆的相似玉石品种鱼龙混杂，常有人凭经验出现认知偏差，"错将李鬼认李逵"的现象。本章节着重从翡翠与其相似品的主要鉴定特征入手，了解各相似品的基本性质和鉴别依据，能够使读者通过掌握常规鉴定手段对相似玉石品种的特征加以甄别。本文主要介绍的相似品有和田玉、水钙铝榴石、钠长石玉、石英岩玉、东陵石、玉髓（玛瑙）、蛇纹石玉、独山玉，符山石、葡萄石、天河石、脱玻化玻璃等。

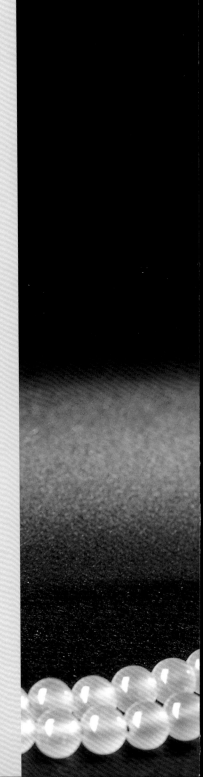

翡翠与相似宝玉石的比较

翡翠与和田玉的比较

很多人容易把翡翠和和田玉中的碧玉混淆，搞不清楚到底什么样的是和田玉，什么样的是翡翠。其实，和田玉和翡翠还是有很大差别的，翡翠重在看颜色和种质（透明度），和田玉重在看颜色和料质细腻度（油润度）。和田玉的外观温润儒雅，有一种油腻质朴的感觉，拥有一种内在的美。和田玉的透明度不如翡翠，属于不透明到半透明状态。翡翠外观通透光泽，霸气十足，有一种水润剔透的感觉，拥有一种张扬在外的

和田玉（碧玉）双耳壶

美。翡翠的透明度是半透明到全透明的状态。

　　和田玉中的碧玉和翡翠比较像，都是非均质集合体，它的主要成分是铁阳起石，颜色较柔和均匀，常带有黑色的斑点。

　　和田玉具有典型的油脂光泽，而翡翠是玻璃光泽，二者的硬度差不多。翡翠是粒状－纤维结构，和田玉颗粒更为细小，具毛毡状交织结构。和田玉表面均匀无翠性，翠性是由于翡翠的解理面引起的反光，就像沙星一样，但翠性只出现于粒状纤维结构的翡翠。

　　翡翠的密度较高，是 $3.33g/cm^3$，和田玉的密度是 $2.95g/cm^3$，同等大小的成品用手掂量也可区分。用折射仪分别测其折射率，翡翠的折射率是 1.66，而和田玉的是 $1.60 \sim 1.61$，翡翠在分光镜下有 630nm、660nm、690nm 吸收线，以及 437nm 铁的吸收线，而和田玉一般无特征吸收谱线。

碧玉平安扣　　　　　　　　　　　碧玉扳指

满绿翡翠吊坠　　　　　　　　　　碧玉叶子

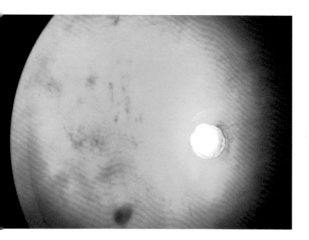

和田玉（碧玉）内部纤维交织结构（20X）

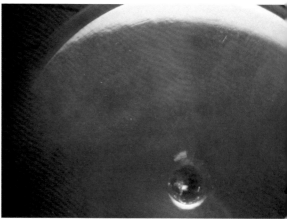

和田玉（碧玉）表面显微特征（20X）

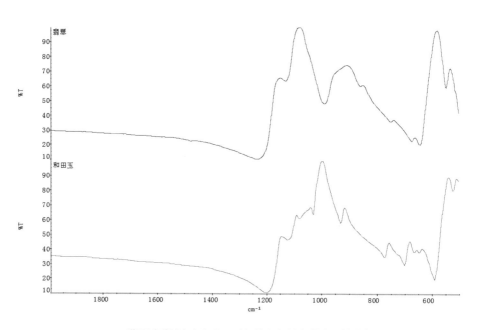

翡翠（蓝线）与和田玉（红线）红外光谱（反射谱）

◈ 翡翠与水钙铝榴石（不倒翁）的比较

　　水钙铝榴石集合体有人称之为"南非玉""特兰斯瓦尔玉""青海翠""不倒翁"。其折射率在 1.72 左右，明显大于翡翠，密度也大于翡翠。水钙铝榴石的绿色呈条带状，有黑色斑点或斑块，粒状结构，无翠性，一般透明度较好，少数较差。主要矿物为水钙铝榴石，次为黝帘石、符山石及闪石类等。绿色部分在查尔斯滤色镜下变深紫红色为主要特征，暗绿色品种在分光镜下观察 460nm 以下全吸收。硬度 7.0 ~ 8.0，密度 (3.15 ~ 3.55) g/cm^3，折射率 1.71 ~ 1.72。

水钙铝榴石

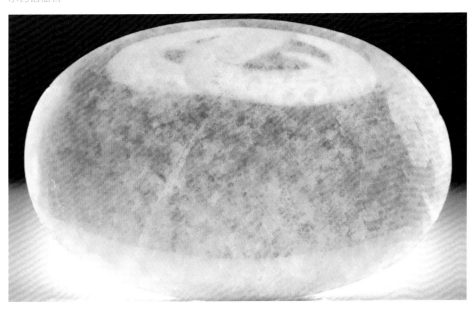

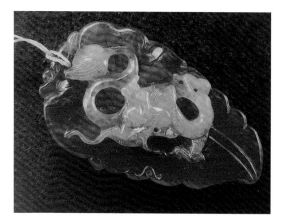

红色翡翠

黄色翡翠

黄色水钙铝榴石

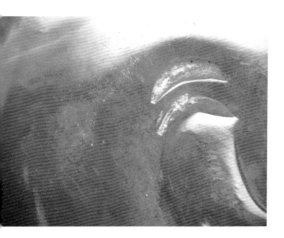

黄色水钙铝榴石局部表面特征

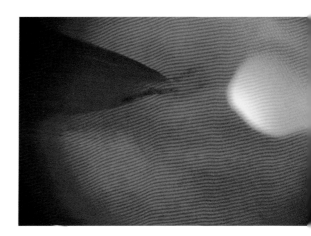

黄色水钙铝榴石内部粒状结构（40X）

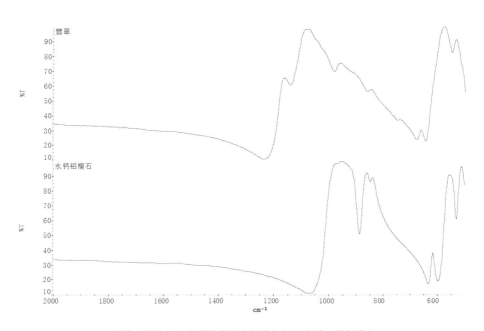

翡翠（蓝线）与水钙铝榴石（红线）红外光谱（反射谱）

◉ 翡翠与钠长石玉（水沫子）的比较

近些年来，在云南昆明、瑞丽、腾冲等地和内地的一些大城市的珠宝市场上，经常见到一种白色、透明度很好的玉，呈透明或半透明"冰种"状，它常带蓝或蓝绿花，极像冰种飘蓝花的翡翠，这就是钠长石玉（水沫子）。水沫子的致色物是按一定方向排列的阳起石、绿帘石，颜色总体为白色或灰白色，具有较少的白斑和色带，光泽弱，折射率、密度、硬度都低于翡翠。内部白棉较多，像水中的泡沫一样，无翠性，不具翡翠的特征吸收谱。这种玉在云南当地称为"水沫子"。常被加工成手镯、吊坠和雕件在市场出售。其实"水沫子"的主要矿物成分为钠长石，其次有少量的辉石矿物和角闪石类矿物。

"水沫子"的密度为 $(2.60 \sim 2.63)\,\mathrm{g/cm^3}$，比翡翠小许多（翡翠密度为 $3.33\mathrm{g/cm^3}$），因此同等大小的物件用手掂起来，明显比翡翠轻。

"水沫子"敲击时声音沉闷，不如翡翠敲击声音清脆。

"水沫子"的折射率为 $1.52 \sim 1.54$，远比翡翠的折射率低（翡翠的折射率为 1.66）。

如果条件允许，在原料或半成品上用石英（摩氏硬度为7）刻划，"水沫子"（摩氏硬度为6）很易划动，如为翡翠（摩氏硬度为7）则较难划动。

翡翠手镯（冰种飘蓝花）

钠长石玉（水沫子）饰品

翡翠手镯（冰种飘蓝花）

钠长石玉（水沫子）手镯

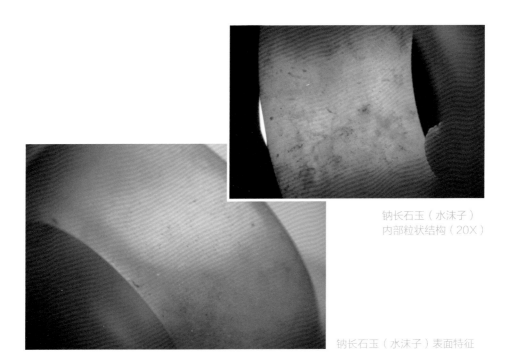

钠长石玉（水沫子）
内部粒状结构（20X）

钠长石玉（水沫子）表面特征

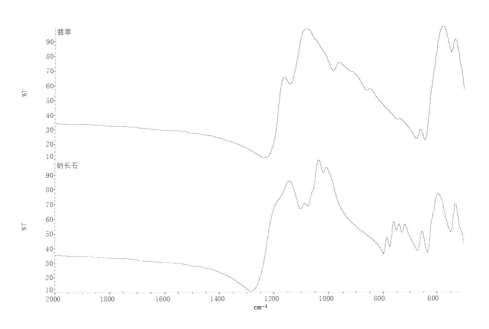

翡翠（蓝线）与钠长石玉（红线）红外光谱（反射谱）

翡翠与石英质玉的比较

石英质玉中石英岩玉和东陵石是粒状结构，玉髓（玛瑙）是隐晶质结构，而翡翠则是典型的纤维交织结构或粒状纤维结构。翡翠的颗粒更为细小。石英质玉表面均匀无翠性，二者同为非均质集合体，石英质玉的密度较低，为 $(2.55 \sim 2.71)\,g/cm^3$，比翡翠的 $3.33\ g/cm^3$ 低得多，折射率为 1.54，也低于翡翠的折射率 1.66。

1. 翡翠与染色石英岩玉（马来玉）的比较

染色石英岩玉（马来玉），常用于模仿翡翠中的高翠品种，其颜色呈网格状沉积于石英颗粒之间，无色根。分光镜下有 650nm 宽带吸收。

染色石英岩玉（马来玉）   翡翠手镯

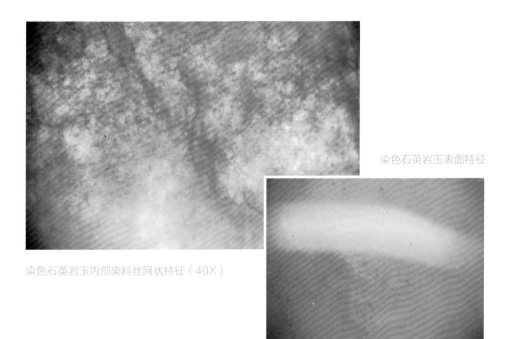

染色石英岩玉表面特征

染色石英岩玉内部染料丝网状特征（40X）

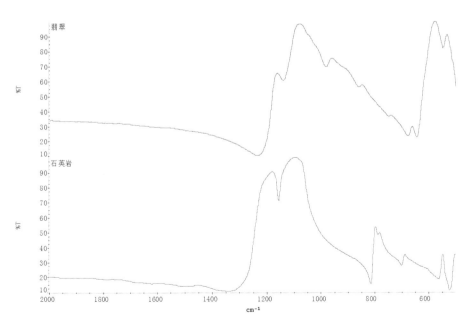

翡翠（蓝线）与石英岩玉（红线）红外光谱（反射谱）

2. 翡翠与东陵石的比较

石英质玉中的东陵石，因含铬云母呈绿色，与翡翠也极为相似，但是绿色东陵石在查尔斯滤色镜下变红。密度为 $(2.64 \sim 2.71)\mathrm{g/cm^3}$，折射率为 1.54。分光镜下有 682nm、649nm 吸收带（含铬云母）。

东陵石手镯

东陵石表面特征

东陵石内部颗粒状特征（40X）

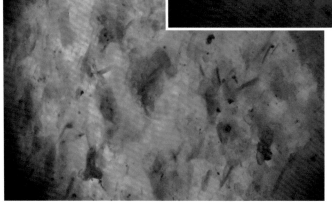

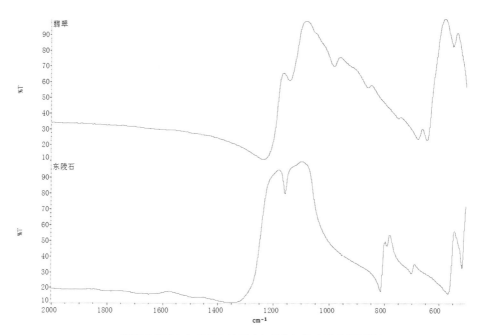

翡翠（蓝线）与绿色东陵石（红线）红外光谱（反射谱）

3. 翡翠与绿玉髓的比较

　　石英质玉中的绿色玉髓，质量较好的品种是澳大利亚产的绿玉髓（又名澳玉），一种含镍的绿玉髓，常带黄色色调和灰色色调，颜色均匀，质地细腻，微透明—半透明，高品质者呈较鲜艳的苹果绿色。隐晶质结构，肉眼看不到其结构特征，玻璃光泽，无色形色根，无翠性表现。密度为 2.65 g/cm^3，折射率为 1.54。

　　翡 翠 在 分 光 镜 下 有 630nm、660nm、690nm 铬吸收，以及 437nm 铁的吸收线，而绿玉髓一般无特征吸收谱线。

玉髓吊坠

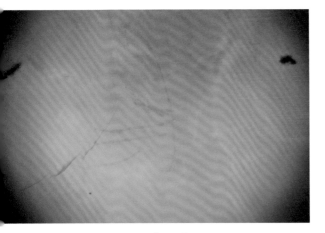

玉髓隐晶质结构（40X）

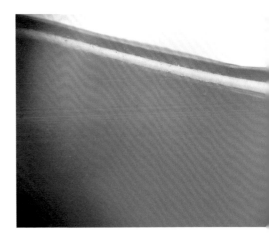

玉髓表面特征

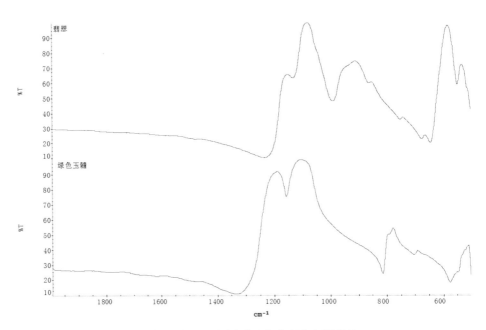

翡翠（蓝线）与玉髓（红线）红外光谱（反射谱）

⊙ 翡翠与蛇纹石玉（岫玉）的比较

　　蛇纹石玉的重要组成矿物是蛇纹石，属单斜晶系，常见晶形为细叶片状或纤维状。蛇纹石玉最常见的是均匀的致密块状构造，部分毛矿中可见脉状、片状、碎裂状构造。蛇纹石玉的组成矿物都十分细小，肉眼鉴定很难分辨其颗粒，高倍显微镜下，可见蛇纹石玉内细小的粒状、纤维状矿物呈块状集合体，略具定向排列。常见的蛇纹石玉主要有深绿色、黑绿色、绿色、黄绿色、灰黄色，及多种颜色聚集的杂色。折射率为 $1.56 \sim 1.57(+0.004, -0.070)$，受组成矿物的影响，摩氏硬度变化于 $2 \sim 6$ 之间。密度为 $2.57\mathrm{g}/\mathrm{cm}^3$，在放大检查时，可见到蛇纹石玉黄绿色基底中

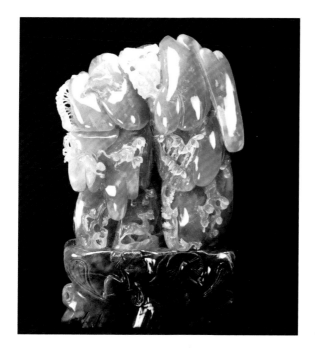

存在着少量黑色矿物包体，灰白色透明的矿物晶体，灰绿色绿泥石鳞片聚集成的丝状、细带状包体以及由颜色的不均匀而引起的白色、褐色条带或团块。

蛇纹石玉摆件

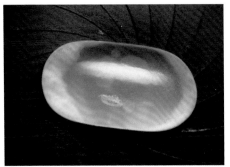

蛇纹石戒面

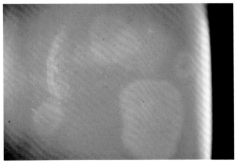

黄绿色蛇纹石玉表面特征

蛇纹石玉表面放大观察（20×）

蛇纹石内部显微放大观察（20×）

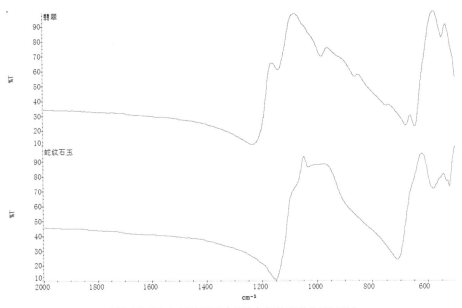

翡翠（蓝线）与蛇纹石玉（红线）红外光谱（反射谱）

翡翠与独山玉（南阳玉）的比较

独山玉是我国特有的玉石品种，因产于我国河南省南阳市的独山而得名。独山玉是一种黝帘石化斜长岩。主要矿物为斜长石、黝帘石。次要矿物为翠绿色的铬云母、浅绿色透辉石、黄绿色角闪石、黑云母等。色杂，不均匀。为粒状变晶结构、颗粒明显，致密块状，而绝不是翡翠的纤维交织结构，查尔斯滤色镜下变红，无翠性，不具翡翠的特征吸收谱。绿色部分多呈团块状、斑点状分布，绿色中明显带有灰色、黄色色调，整体颜色不明快。独山玉呈玻璃光泽，折射率受组成矿物影响，点测变化于 1.56 ~ 1.70 之间，密度为 (2.70 ~ 3.09)g/cm^3，一般为 2.90g/cm^3。

独山玉摆件

独山玉摆件

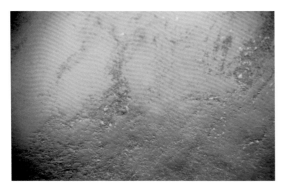

独山玉内部细粒结构（40X）

独山玉表面特征

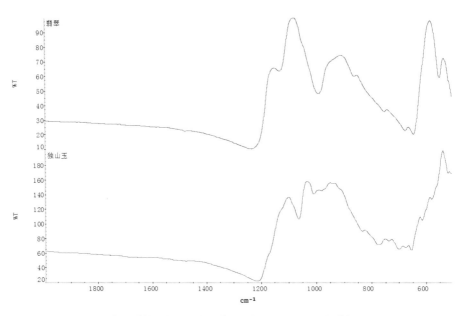

翡翠（蓝线）与独山玉（红线）红外光谱（反射谱）

◎ 翡翠与符山石（加州玉）的比较

符山石，类似翡翠的符山石岩，呈绿色致密块体（含铬），多为纤维状集合体，优质者为蓝绿色。硬度 6 ～ 7。密度和翡翠相似，为 3.40(+0.10，−0.15) g/cm^3，折射率为 1.71，大于翡翠。无翠性，不具翡翠特征吸收谱。这种绿色符山石用于仿翡翠，在美国被称为"加利福尼亚石"；挪威符山石岩又名"青符山石"，在蓝色集合体中有粉红色，类似翡翠中的"翡"；中国青海省乌兰县产的"乌兰翠"中，部分具有符山石岩的成分，因含铬也呈翠绿色，质地十分细腻，而且呈半透明，只是翠色不够均匀。绿色符山石玉在 464nm 有明显的吸收线。

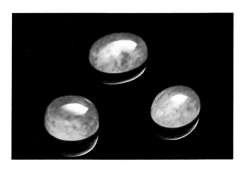

绿色符山石

符山石

黄色翡翠

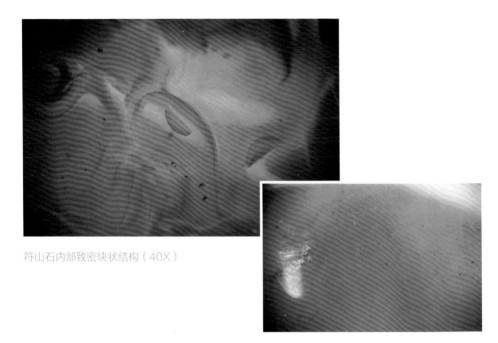

符山石内部致密块状结构（40X）

符山石表面特征

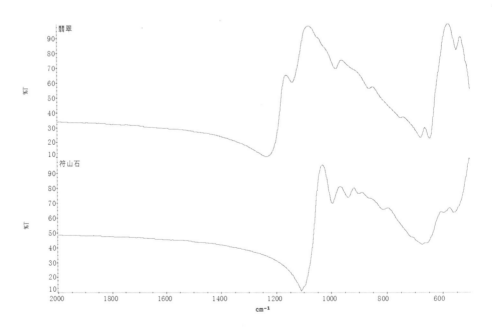

翡翠（蓝线）与符山石（红线）红外光谱（反射谱）

葡萄石戒面

翡翠与葡萄石的比较

葡萄石呈板状、片状、葡萄状、肾状、放射状、纤维状集合体，硬度是 $6.0 \sim 6.5$，密度为 $(2.80 \sim 2.95)\,\mathrm{g/cm^3}$，折射率为 1.63，均低于翡翠。

葡萄石戒面

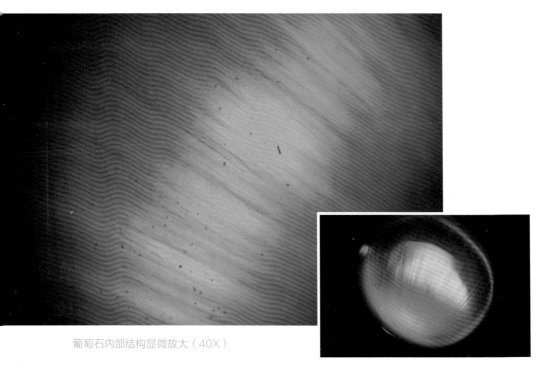

葡萄石内部结构显微放大（40X）

葡萄石纤维放射状结构

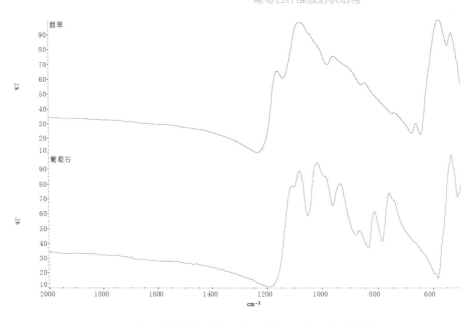

翡翠（蓝线）与葡萄石（红线）红外光谱（反射谱）

天河石手镯

翡翠与天河石（亚马逊石）的比较

天河石是微斜长石中呈绿色至蓝绿色的变种，由铷致色。透明至半透明，常含有斜长石的聚片双晶或穿插双晶，所以呈绿色和白色格子状、条纹状或斑纹状，并可见解理面闪光。密度为 $(2.56 \sim 2.58)$ g/cm^3，折射率为 $1.522 \sim 1.530$，紫外灯长波下呈黄绿色荧光；短波无反应。

天河石圆珠

天河石发育的解理（网格状结构）

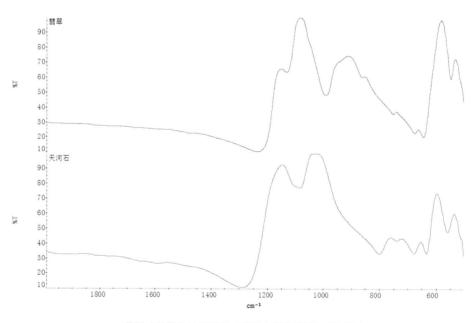

翡翠（蓝线）与天河石（红线）红外光谱（反射谱）

翡翠与人工仿制品的比较

翡翠与脱玻化玻璃（料器）的比较

玉器行业把早期仿翡翠的玻璃称为"料器"。其特点是呈绿色半透明状，具大小不等的圆形气泡，肉眼即可辨别。颜色不均，常见旋涡状搅动纹；贝壳状断口；折射率在1.4～1.7；荧光可有可无。在许多祖辈留下的遗物中，绿色仿玉的戒面、帽扣、簪针等大多属于此类。

绿色脱玻化玻璃，透明度好，专门用来仿翡翠。大约出现在20世纪七八十年代，国外称这种仿玉的玻璃为"依莫利宝石"（Imoristone）或"准玉"（Metajade）。经脱玻化作用，使非晶质的玻璃部分"重结晶"，肉眼看上去类似绵状物，形如晶质集合体。折射率为1.50，密度一般为2.50g/cm³。

　　玻璃仿的翡翠一般是由模具倒出来的，戒面的面角圆滑，表面有因冷却收缩而形成的凹坑。

玻璃仿翡翠

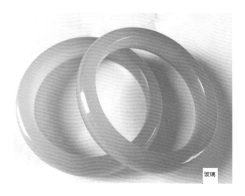

玻璃手镯

玻璃戒面

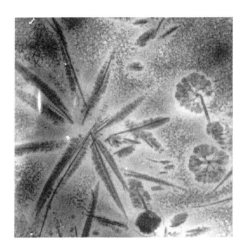

脱玻化玻璃蕨叶状结构（50X）

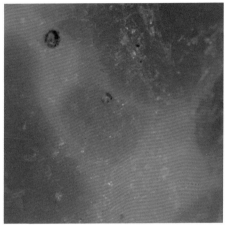

绿色玻璃中的气泡（40X）

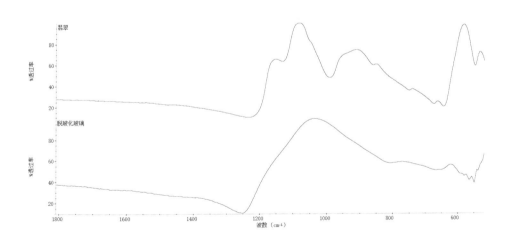

翡翠（蓝线）与玻璃（红线）红外光谱（反射谱）

◈ 翡翠与塑料的比较

翡翠吊坠

　　仿翡翠的绿塑料与翡翠有较大的差别，塑料的颜色呆板，刻面棱线圆滑，无翡翠润泽光滑的"灵气"。硬度低，用小刀可以划出痕迹，没有翡翠的凉感，比翡翠轻，用打火机烧，会融化冒黑烟。内部会有搅动纹和气泡。硬度在 1 ～ 3，折射率为 1.46 ～ 1.70，大多数在 1.50 附近，密度在（1.05 ～ 1.55）g/cm^3。

塑料

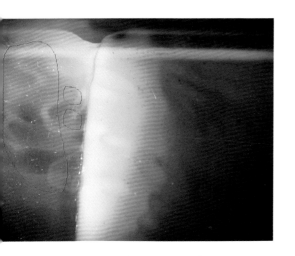

塑料内部流动纹及气泡（30X）

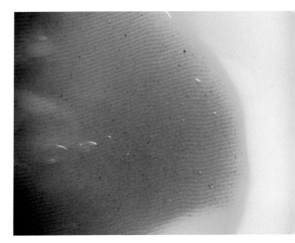

塑料内部深色杂质（30X）

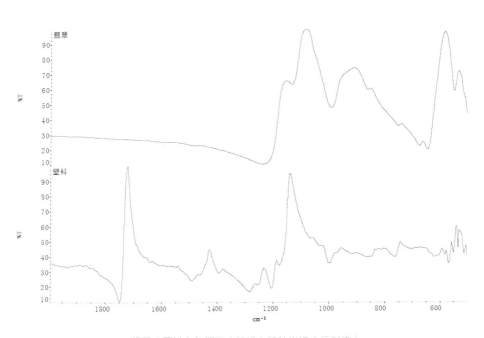

翡翠（蓝线）与塑料（红线）红外光谱（反射谱）

翡翠与相似品对比表 >>>>

玉石名称	主要组成矿物	密度 g/cm³	折射率（点测法）	摩氏硬度	光泽
翡翠	硬玉	3.33	1.66	6.5 ~ 7.0	玻璃光泽至油脂光泽
和田玉	透闪石、阳起石	2.90 ~ 3.10	1.60 ~ 1.61	6.0 ~ 6.5	油脂光泽、蜡状光泽
水钙铝榴石	钙铝榴石	3.15 ~ 3.55	1.71 ~ 1.72	7.0 ~ 8.0	玻璃光泽
钠长石玉（水沫子）	钠长石	2.60 ~ 2.63	1.52 ~ 1.54	6.0	油脂光泽至玻璃光泽
石英岩玉	石英	2.55 ~ 2.71	1.54	6.5 ~ 7.0	玻璃光泽
东陵石	石英	2.64 ~ 2.71	1.54	6.5 ~ 7.0	玻璃光泽
玉髓（玛瑙）	石英	2.65	1.54	6.5 ~ 7.0	玻璃光泽、油脂光泽
蛇纹石玉	蛇纹石	2.57(+0.23, −0.13)	1.56 ~ 1.57	2.5 ~ 5.5	蜡状光泽至玻璃光泽
独山玉	斜长石（钙长石）、黝帘石	2.90	1.56 ~ 1.70	6.0 ~ 7.0	玻璃光泽
符山石	符山石	3.40(+0.10 ~ 0.15)	1.71	6.0 ~ 7.0	玻璃光泽
葡萄石	葡萄石	2.80 ~ 2.95	1.63	6.0 ~ 6.5	玻璃光泽
天河石	微斜长石	2.56 ~ 2.58	1.522 ~ 1.530(±0.004)	6.0 ~ 6.5	玻璃光泽至油脂光泽
脱玻化玻璃	二氧化硅	2.50	1.50	4.5 ~ 5.5	玻璃光泽
塑料		1.05 ~ 1.55	1.46 ~ 1.70	1 ~ 3	亚玻璃光泽

荧光	滤色镜	吸收光谱	结构特征
无	无反应	437nm（含铁） 630nm,660nm,690nm （含铬）	纤维交织结构
无	无反应	未见特征吸收光谱	纤维交织结构，毛毡状结构
无	特征的粉红－红色	暗绿色品种 460nm 以下全吸收，其他颜色 463nm 附近吸收（因含符山石）	粒状结构
无	无反应	未见特征吸收光谱	纤维或纤维粒状结构，常含白色斑点和蓝绿色斑块
无	无反应	未见特征吸收光谱	粒状结构
无	变褐红	682nm、649nm 吸收带（含铬云母）	粒状结构
无	无反应	未见特征吸收光谱	隐晶质结构，玛瑙具条带状构造
无	无反应	未见特征吸收光谱	叶片状、纤维状结构，少量黑色矿物
惰性。有的品种可有微弱的蓝白、褐黄、褐红色荧光	绿色部分会变红	未见特征吸收光谱	细粒状结构，可见蓝色、蓝绿色或紫色色斑
无	无反应	464nm 吸收线，528.5nm 弱吸收线	晶体具带状构造
无	无反应	未见特征吸收光谱	纤维结构、放射状结构
LW：呈黄绿色荧光；SW：无反应；	无反应	未见特征吸收光谱	呈绿色和白色格子状、条纹状或斑纹状，并可见解理面的闪光
无	无反应	未见特征吸收光谱	非晶质，有时内部见气泡，搅动纹
有不同强弱表现	无反应	未见特征吸收光谱	圆滑的刻面棱线，内部会有搅动纹和气泡

Chapter 7

翡翠分级

　　人们购买翡翠不仅仅是为了欣赏、佩戴，还为了能收藏、保值以及投资。所以在认知翡翠真伪的基础上，还要认知翡翠的品质和价值。与此相关联的典当行、保险等行业也要求翡翠品质评价的统一性、价值评估的规范性。中华人民共和国国家标准（GB/T 23885-2009）翡翠分级（Jadeite grading）正是在此形势的要求下，由中华人民共和国国土资源部提出，全国珠宝玉石标准化委员会归口，国土资源部珠宝玉石首饰管理中心负责起草，于 2009 年 6 月 1 日由中华人民共和国国家质量监督检验总局和中国国家标准化委员会共同发布，并于 2010 年 3 月 1 日起正式执行。

翡翠作为一个十分重要的玉石品种，具有鲜明的自然属性和丰富的文化属性。翡翠分级国家标准，正是围绕着翡翠的这两大属性应运而生。

翡翠分级应在无阳光直接照射的室内进行，分级环境的色调应为中性（白色、灰色或黑色）。分级时采用规定的分级光源照明（色温为4500K−5500K，显色指数不低于90），并以无荧光、无明显定向反射作用的中性白（浅灰）色纸（板）作为观测背景。由2～3名受过专门技能培训，掌握正确操作方法的翡翠分级技术人员独立完成同一样品的分级，并取得一致结果。

翡翠分级从颜色、透明度、质地、净度四个方面进行级别划分，并对其工艺进行评价（无色翡翠不对颜色分级）。

翡翠分级标准灯箱

颜色分级

　　翡翠是世界上颜色最丰富的一种玉石，翡翠分级标准中按照颜色的主色调将翡翠分为无色至白色、绿色、紫色、红色至黄色及组合色。

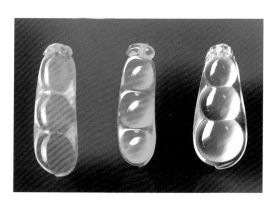

翡翠红、绿、白三色

GemDialogue 色卡

　　翡翠颜色分级采用比色法，即使用一套已标定色调类别、彩度级别及透明度级别的标准样品，依次代表由高到低的不同彩度级别及透明度级别，或者使用表示一定颜色的标准样品卡（GemDialogue 色卡），在规定的环境下对翡翠绿色、紫色、红－黄色翡翠的颜色的色调（表示翡翠红、黄、绿、蓝、紫等颜色的特性）、彩度（翡翠的浓淡程度）、明度（翡翠颜色的明暗程度）进行级别划分。

　　因翡翠（无色）不对颜色进行分级，所以本书以翡翠（绿色）为例来讲述翡翠颜色分级标准。

◎ 色调

　　根据翡翠（绿色）色调的差异，将其划分为绿、绿（微黄）、绿（微蓝）三个类别。色调类别依次表示为 G、yG、bG。翡翠色调类别及肉眼观测特征见表1。

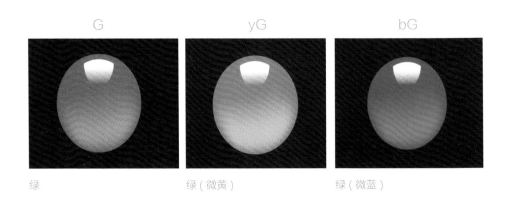

表 1　翡翠（绿色）色调类别肉眼观测特征

色调类别		肉眼观测特征
绿	G	样品主体颜色为纯正的绿色，或绿色中带有极轻微的、稍可察觉的黄、蓝色调
绿（微黄）	yG	样品主体颜色为纯正的绿色，带有较易察觉的黄色色调
绿（微蓝）	bG	样品主体颜色为纯正的绿色，带有较易察觉的蓝色色调

G 色调翡翠戒指

yG 色调翡翠牌

bG 色调翡翠戒指

◎ 彩度

　　根据翡翠（绿色）彩度的差异，将其划分为五个级别。彩度级别由高到低依次表示为极浓（Ch_1）、浓（Ch_2）、较浓（Ch_3）、较淡（Ch_4）、淡（Ch_5）。翡翠彩度级别及肉眼观测特征见表2。

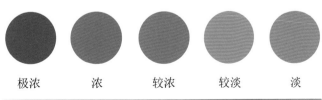

极浓　　　浓　　　较浓　　　较淡　　　淡

翡翠颜色的彩度
变化示意图（绿色）

表2　翡翠（绿色）彩度级别及肉眼观测特征

彩度级别		肉眼观测特征
极浓	Ch_1	反射光下呈深绿色 – 墨绿色，颜色浓郁 透射光下呈浓绿色
浓	Ch_2	反射光下呈浓绿色，颜色浓艳饱满 透射光下呈鲜艳绿色
较浓	Ch_3	反射光下呈中等浓度绿色，颜色浓淡适中 透射光下呈较明快绿色
较淡	Ch_4	反射光及透射光下呈淡绿色，颜色清淡
淡	Ch_5	颜色很清淡，肉眼感觉近无色

明度

根据翡翠（绿色）明度的差异，将其划分为四个级别。明度级别由高到低依次表示为明亮（V_1）、较明亮（V_2）、较暗（V_3）、暗（V_4）。翡翠明度级别及肉眼观测特征见表3。

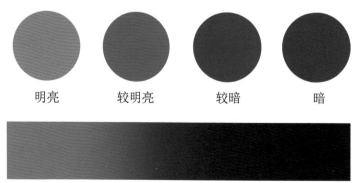

明亮　　　较明亮　　　较暗　　　暗

翡翠颜色的明度
变化示意图（绿色）

表 3　翡翠（绿色）明度级别及肉眼观测特征

明度级别		肉眼观测特征
明亮	V_1	样品颜色鲜艳明亮，基本察觉不到灰度
较明亮	V_2	样品颜色较鲜艳明亮，能察觉到轻微的灰度
较暗	V_3	样品颜色较暗，能察觉到一定的灰度
暗	V_4	样品颜色暗淡，能察觉到明显的灰度

透明度分级

　　翡翠的透明度分级采用比对法，即使用一套已标定透明度级别的标准样品，依次代表由高到低的不同透明度级别，或者使用表示一定颜色的标准样品卡，在规定的环境下，翡翠对可见光的透过程度进行级别划分。

　　有色翡翠透明度级别划分规则与无色翡翠透明度级别划分规则略有不同。

　　翡翠（有色）透明度分为四个级别。透明度级别由高到低依次表示为透明 (T_1)、亚透明 (T_2)、半透明 (T_3)、微透明 – 不透明 (T_4)。

透明 (T$_1$)

微透明 (T$_4$)

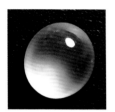

亚透明 (T$_2$)

不透明 (T$_5$)

半透明 (T$_3$)

翡翠（无色）透明度分为五个级别。透明度级别由高到低依次表示为透明 (T$_1$)、亚透明 (T$_2$)、半透明 (T$_3$)、微透明 (T$_4$)、不透明 (T$_5$)。翡翠（有色）透明度级别及肉眼观测特征见表4。翡翠（无色）透明度级别及肉眼观测特征见表5。

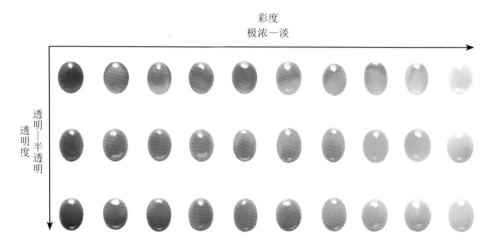

翡翠绿色分级样品

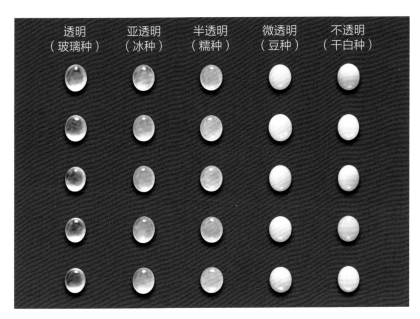

<table>
<tr><td>透明
（玻璃种）</td><td>亚透明
（冰种）</td><td>半透明
（糯种）</td><td>微透明
（豆种）</td><td>不透明
（干白种）</td></tr>
</table>

无色翡翠透明度样品

表 4　翡翠（有色）透明度级别及肉眼观测特征

透明度级别		肉眼观测特征	商贸俗称 （参考）
透明	T_1	反射观察：内部汇聚光较强 透射观察：大多数光线可透过样品，样品内部特征可见	玻璃地
亚透明	T_2	反射观察：内部汇聚光弱 透射观察：部分光线可透过样品，样品内部特征尚可见	冰地
半透明	T_3	反射观察：内部无汇聚光，仅可见少量光线透入 透射观察：少量光线可透过样品，样品内部特征模糊不可辨	糯化地
微透明－不透明	T_4	反射观察：内部无汇聚光，难见光线透入 透射观察：微量－无光线可透过样品，样品内部特征不可见	冬瓜地－瓷地

表5 翡翠（无色）透明度级别及肉眼观测特征

透明度级别		肉眼观测特征	商贸俗称（参考）
透明	T_1	反射观察：内部汇聚光强，汇聚光斑明亮 透射观察：绝大多数光线可透过样品，样品内部特征清楚可见	玻璃地
亚透明	T_2	反射观察：内部汇聚光较强，汇聚光斑较明亮 透射观察：大多数光线可透过样品，样品内部特征可见	冰地
半透明	T_3	反射观察：内部汇聚光弱，汇聚光斑暗淡 透射观察：部分光线可透过样品，样品内部特征尚可见	糯化地
微透明	T_4	反射观察：内部无汇聚光，仅可见微量光线透入 透射观察：少量光线可透过样品，样品内部特征模糊不可辨	冬瓜地
不透明	T_5	反射观察：内部无汇聚光，难见光线透入 透射观察：微量或无光线可透过样品，样品内部特征不可见	瓷地/干白地

质地分级

　　翡翠的质地分级是在规定的环境下，根据组成翡翠的矿物颗粒大小、形状、均匀程度及颗粒间相互关系等因素综合特征的差异，将其划分为五个级别。质地级别由高到低依次表示为极细（Te_1）、细（Te_2）、较细（Te_3）、较粗（Te_4）、粗（Te_5）。翡翠质地级别及肉眼观测特征见表6。

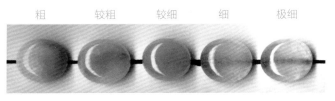

粗　　　较粗　　　较细　　　细　　　极细

翡翠质地分级样品（粗－极细）

质地粗糙的翡翠戒面（粗 Te₅）　　质地细腻的翡翠戒面（极细 Te₁）

表 6　翡翠质地级别及肉眼观测特征

质地级别		肉眼观测特征
极细	Te$_1$	质地非常细腻致密，10 倍放大镜下难见矿物颗粒
细	Te$_2$	质地细腻致密，10 倍放大镜下可见但肉眼难见矿物颗粒，粒径大小均匀
较细	Te$_3$	质地致密，肉眼可见矿物颗粒，粒径大小较均匀
较粗	Te$_4$	质地较致密，肉眼易见矿物颗粒，粒径大小不均匀
粗	Te$_5$	质地略松散，肉眼明显可见矿物颗粒，粒径大小悬殊

净度分级

翡翠的净度分级是在规定的环境下，根据包含在或延伸至翡翠内部的天然内含物和缺陷（内部特征），存在于翡翠表面的天然内含物和缺陷（外部特征）对其美观和（或）耐久性的影响程度，翡翠净度分为五个级别，净度级别由高到低依次表示为极纯净（C_1）、纯净（C_2）、较纯净（C_3）、尚纯净（C_4）、不纯净（C_5）。翡翠净度级别及肉眼观测特征见表7。

翡翠挂件中的白色点状物

翡翠挂件中的白色絮状物

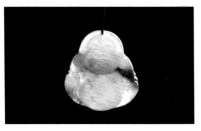
翡翠挂件中的绿灰色块状物

翡翠挂件中的裂纹

翡翠平安扣中的解理

翡翠手镯中的纹理

表 7　翡翠净度级别及肉眼观测特征

净度级别		肉眼观测特征	典型的内外部特征类型
极纯净	C_1	肉眼未见翡翠内、外部特征，或仅在不显眼处有点状物、絮状物，对整体美观几乎无影响	点状物，絮状物
纯净	C_2	具细微的内、外部特征，肉眼较难见，对整体美观有较微影响	点状物，絮状物
较纯净	C_3	具较明显的内、外部特征，肉眼可见，对整体美观有一定影响	点状物，絮状物，块状物
尚纯净	C_4	具明显的内、外部特征，肉眼易见，对整体美观和（或）耐久性有较明显影响	块状物，解理，纹理、裂纹
不纯净	C_5	具极明显的内、外部特征，肉眼明显可见，对整体美观和（或）耐久性有明显影响	块状物，解理，纹理、裂纹

工艺评价

翡翠工艺评价包括材料应用设计评价和加工工艺评价两个方面。材料应用评价包括材料应用评价和设计评价；加工工艺评价包括磨制（雕琢）工艺评价和抛光工艺评价。翡翠工艺评价及肉眼观测特征见表 8。

◉ 材料应用设计总体评价

材料应用的总体要求：材质、颜色取舍恰当，翡翠的内、外部特征处理得当，量料取材，因材施艺。

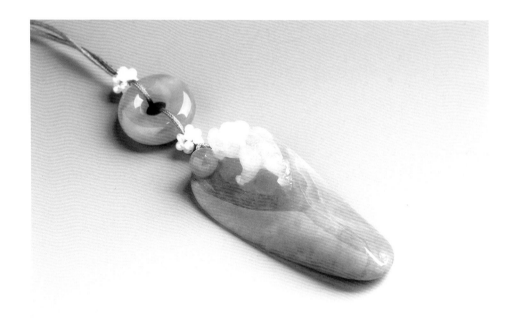

俏色瑞兽（派瑞翡翠提供，材料取舍得当）

设计的总体要求：主题鲜明，造型美观，构图完整，比例协调，结构合理，寓意美好。

财神（派瑞翡翠提供，造型优美、比例协调）

⊙ 加工工艺总体评价

磨制（雕琢）工艺的总体要求：轮廓清晰，层次分明，线条流畅，点面精准，细节特征处理得当。

观音（派瑞翡翠提供，
雕琢精准细腻）

抛光工艺的总体要求：抛光到位，平顺，光亮。

如意（派瑞翡翠提供，抛光到位，均匀平顺）　　静彻（宝裕和翡翠会提供，抛光到位，均匀平顺）

表8　翡翠工艺评价及肉眼观测特征

品质因素		肉眼观测特征	评价结论
材料应用设计	材料应用	材质、颜色与题材配合贴切，用料干净正确，内外部特征处理得当	材料取舍得当
		材质、颜色与题材配合基本贴切，用料基本正确，内外部特征处理欠佳，局部有较明显缺陷	材料取舍欠佳
		材质、颜色与题材配合失当，用料有明显偏差，内外部特征处理失当，影响整体美观	用料不当
	设计	造型烘托材料材质颜色美，比例恰当，布局合理，层次清晰，安排得体	造型优美，比例协调
		基本按材料材质颜色特点设计造型，比例基本正确，布局主次不够鲜明，安排欠妥	造型优美，比例基本协调
		未按材料材质颜色特点设计造型，比例失调，布局紊乱，安排失当	造型呆板，比例失调
加工工艺	磨制工艺	轮廓清晰，层次分明，线条流畅，点线面刻画精准，细部处理得当	雕琢精准细腻
		轮廓清楚，线条顺畅，点线面刻画准确，细部处理欠佳	雕琢细致，局部欠佳
		形象失态，线条梗塞，点线面刻画不准确，整体处理欠佳	雕琢较粗糙
	抛光工艺	表面平顺光滑，亮度均匀，无抛光纹、折皱及凹凸不平	抛光到位，均匀平顺
		表面较平顺，亮度欠均匀，局部有抛光纹、折皱或凹凸不平	抛光基本到位，较均匀平顺
		表面不平顺，亮度不均匀，有抛光纹、折皱，局部凹凸不平	抛光较粗糙

当分级翡翠的颜色、透明度、质地中的一个或多个因素不均匀且不均匀程度不可忽视的时候，应对不均匀因素存在显著差异的部分分别进行评价，这是翡翠的不均匀性评价。

翡翠评价还有一个质量评价，质量评价虽然简单，却很重要，对于任意一种珠宝玉石来说，质量都是决定价值至关重要的因素，相同品质的翡翠质量越大价值越高。

执谙（宝裕和翡翠会提供）

翡翠分级证书

按照以上分级规则对翡翠的颜色、透明度、质地、净度四个要素进行分级，可以得出相应的分级结论；再根据加工工艺评价原则对翡翠的选材应用、设计、磨制、抛光四个方面进行评述，可以做出相应的工艺评价。完成上述两方面的工作，即完成了对翡翠的分级。

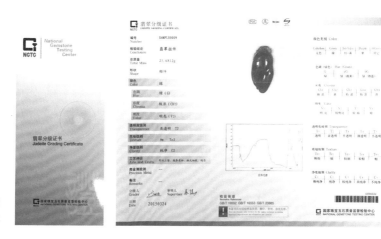

翡翠分级
证书样本

Chapter 8

翡翠鉴赏

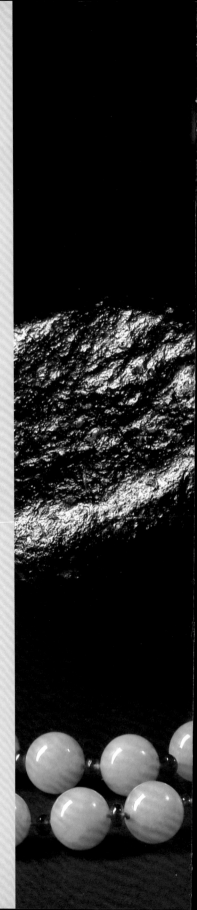

　　在传统文化中，各种文化会在特定的条件下相互影响，相互渗透。玉文化作为传统文化中不可或缺的部分在这一循序渐进的过程中得以传承、发扬。翡翠鉴赏是一门艺术，在人们长期以来对翡翠文化的认知中，博采众长，融会贯通。在掌握翡翠物化的基础上，让我们更多地从文化层面去感知中国传统翡翠文化的浓厚底蕴。笔者平日收集了些翡翠作品的图片，并附以简单的文字介绍，在本章节呈现给大家以供欣赏。